500kV 变电运维问答

技能部分

国网河南省电力公司检修公司　组编

中国电力出版社
CHINA ELECTRIC POWER PRESS

内 容 提 要

为更好地适应变电运维业务新的发展和要求，全面提高500kV变电站变电运维一线员工的素质能力和技能水平，切实提高新进人员培训的针对性、实效性，编者编写了这套《500kV变电运维问答》。

这套书是依据国家电网公司有关文件、规程和导则等的要求，在收集大量现场资料的基础上编写的，包括知识部分和技能部分两册。内容涉及一次设备、二次回路及保护、规程、“五通一措”、运维一体化、现场应急处置六个方面。本册为《500kV变电运维问答（技能部分）》，分为三章，主要内容包括“五通一措”、运维一体化、现场应急处置。

本书适合从事500kV电网运维工作的相关管理技术人员参考使用。

图书在版编目（CIP）数据

500kV变电运维问答．技能部分/国网河南省电力公司检修公司组编．—北京：中国电力出版社，2018.10

ISBN 978-7-5198-2523-2

Ⅰ．①5… Ⅱ．①国… Ⅲ．①变电所-电力系统运行-问题解答 ②变电所-检修-问题解答 Ⅳ．①TM63-44

中国版本图书馆CIP数据核字（2018）第235706号

出版发行：中国电力出版社
地　　址：北京市东城区北京站西街19号（邮政编码100005）
网　　址：http：//www.cepp.sgcc.com.cn
责任编辑：陈　丽（010-63412348）　陈　倩（010-63412512）
责任校对：黄　蓓　李　楠
装帧设计：郝晓燕　赵丽媛
责任印制：石　雷

印　　刷：三河市百盛印装有限公司
版　　次：2018年10月第一版
印　　次：2018年10月北京第一次印刷
开　　本：787毫米×1092毫米　16开本
印　　张：8.25
字　　数：167千字
印　　数：0001—2000册
定　　价：36.00元

编委会

主编 董武亮

副主编 胥鸣 贾罡 张竑基 尚西华

参编 李超 池锐敏 曹松梅 牛雪媛 周鑫
张成 李春阳 高璐 宋丹 方刚
张治平 张嘉涛 高远 李晨 柳青
王洪涛 姬海水 张利 李静 孙建巍
易晓凌 甘红庆 黄朝阳 焦澎 阎显伟
焦云峰 薛保星 宣玉红 吕胜男 李士华
刘彬 王会琳 李伟 李楠 崔孟阳
曹永欣 白杨 丁子郡 吕强 石博

前言

近几年来，大电网建设日新月异，以超、特高压为骨干的坚强网架正在形成，500kV 变电站数量不断增加，新设备、新技术被广泛应用于电网生产运行。特别是随着500kV 智能变电站的落地开花，大量设备微机智能化对人员的岗位技能水平提出了更高的要求。此外，随着运维一体化的提出，500kV 变电运维一线员工日常业务内容也发生了深刻变革。因此，在电网公司减员增效的大环境下，开发有限的人力资源，提高人员的岗位技能素质成为了当前工作的重点。

为了全面提高骨干电网运维员工的素质能力和技能水平，切实提高新进人员培训的针对性、实效性，我们编写了这套《500kV 变电运维问答》。参与本套书编写的人员均长期从事一线变电运维工作，积累了丰富的现场实践和培训经验。本套书的编写工作开始于 2017 年，编写期间，编者秉持高度的责任感和严谨的作风，多次召开会议，精心组织、反复讨论，充分听取电力行业专家的意见和建议，广泛查阅相关行业标准及规程、规范，历时两年多次修编，终于付梓出版。

《500kV 变电运维问答》包括知识部分和技能部分两册，内容紧扣现场实际，涉及一次设备、二次回路及保护、规程、五通一措、运维一体化、现场应急处置六个方面，汇集了现场的基础知识、先进的工作方法、成熟的管理理念，着眼于现场工作中的实际问题和运维人员应该具备的岗位技能知识，体现了全面性、先进性和实用性的紧密结合。本书适合从事 500kV 电网运维工作的相关管理技术人员参考使用。

参与本书编写的人员认真负责，倾注了大量心血。在本套书编写出版过程中得到了参与编写单位领导的大力支持，还得到了业内相关专家的热心帮助。在此对参与此次编写工作的全体人员的辛勤劳动表示衷心的感谢。由于编写人员水平有限，书中难免存在有不当之处，恳请广大读者和专家批评指正。

编　者

2018 年 10 月

目录

前言

"五 通 一 措"[1]

1. 变电运维的精益管理指什么？

答：精益管理指变电运维工作坚持精益求精的态度，以精益化评价为抓手，深入工作现场、深入设备内部、深入管理细节，不断发现问题，不断改进，不断提升，争创世界一流管理水平。

2. 变电运维标准化作业指什么？

答：标准作业指变电运维工作应严格执行现场运维标准化作业，细化工作步骤，量化关键工艺，工作前严格审核，工作中逐项执行，工作后责任追溯，确保作业质量。

3. 变电运维班运维计划应包括哪些内容？

答：变电运维班运维计划应包括倒闸操作、巡视、定期试验及轮换、设备带电检测及日常维护、设备消缺等工作内容。

4. 变电运维生产准备任务主要包括哪些内容？

答：生产准备任务主要包括：运维单位明确、人员配置、人员培训、规程编制、工器具及仪器仪表、办公与生活设施购置、工程前期参与、验收及设备台账信息录入等。

5. 变电站"通用规程"和"专用规程"有什么区别？

答："通用规程"主要对变电站运行提出通用和共性的管理和技术要求，适用于本单位管辖范围内各相应电压等级变电站。"专用规程"主要结合变电站现场实际情况提出具体的、差异化的、针对性的管理和技术规定，仅适用于该变电站。

6. 变电站现场运行规程编制依据是什么？

答：变电站现场运行规程应依据国家、行业、公司颁发的规程、制度、反事故措施，

---

[1] "五通一措"指验收、运维、检测、评价、检修通用管理规定和反事故措施。

运检、安质、调控等部门专业要求，图纸和说明书等，并结合变电站现场实际情况编制。

7. 什么情况下应修订变电站“通用规程”？

答：应在以下情况时修订变电站通用规程：

（1）当国家、行业、公司发布最新技术政策，通用规程与此冲突时；

（2）当上级专业部门提出新的管理或技术要求，通用规程与此冲突时；

（3）当发生事故教训，提出新的反事故措施后；

（4）当执行过程中发现问题后。

8. 什么情况下应修订变电站“专用规程”？

答：应在以下情况修订变电站专用规程：

（1）通用规程发生改变，专用规程与此冲突时；

（2）当各级专业部门提出新的管理或技术要求，专用规程与此冲突时；

（3）当变电站设备、环境、系统运行条件等发生变化时；

（4）当发生事故教训，提出新的反事故措施后；

（5）当执行过程中发现问题后。

9. 变电站设备巡视检查分哪几类？

答：变电站的设备巡视检查分为五类：例行巡视、全面巡视、专业巡视、熄灯巡视和特殊巡视。

10. 变电站的例行巡视周期是怎样规定的？

答：一类变电站每2天不少于1次；二类变电站每3天不少于1次；三类变电站每周不少于1次；四类变电站每2周不少于1次。

11. 变电站的全面巡视周期是怎样规定的？

答：一类变电站每周不少于1次；二类变电站每15天不少于1次；三类变电站每月不少于1次；四类变电站每2月不少于1次。

12. 什么是专业巡视？

答：专业巡视指为深入掌握设备状态，由运维、检修、设备状态评价人员联合开展对设备的集中巡查和检测。

13. 哪些情况下应进行特殊巡视？

答：应在以下情况时进行特殊巡视：

（1）大风后；

（2）雷雨后；

（3）冰雪、冰雹后、雾霾过程中；

（4）新设备投入运行后；

（5）设备经过检修、改造或长期停运后重新投入系统运行后；

（6）设备缺陷有发展时；

（7）设备发生过负载或负载剧增、超温、发热、系统冲击、跳闸等异常情况；

（8）法定节假日、上级通知有重要保供电任务时；

（9）电网供电可靠性下降或存在发生较大电网事故（事件）风险时段。

14. 倒闸操作过程中严防发生哪些误操作？

答：倒闸操作过程中严防发生下列误操作：

（1）误分、误合断路器；

（2）带负荷拉、合隔离开关或手车触头；

（3）带电装设（合）接地线（接地刀闸）；

（4）带接地线（接地刀闸）合断路器（隔离开关）；

（5）误入带电间隔；

（6）非同期并列；

（7）误投退（插拔）压板（插把）、连接片、短路片，误切错定值区，误投退自动装置，误分合二次电源开关。

15. 变电站操作中发生疑问时应该怎么处理？

答：操作中发生疑问时，应立即停止操作并向发令人报告，并禁止单人滞留在操作现场。弄清问题后，待发令人再行许可后方可继续进行操作。不准擅自更改操作票，不准随意解除闭锁装置进行操作。

16. 简述变电站缺陷的分类及依据。

答：（1）危急缺陷：设备或建筑物发生了直接威胁安全运行并需立即处理的缺陷，否则，随时可能造成设备损坏、人身伤亡、大面积停电、火灾等事故。

（2）严重缺陷：对人身或设备有严重威胁，暂时尚能坚持运行但需尽快处理的缺陷。

（3）一般缺陷：危急、严重缺陷以外的设备缺陷，指性质一般，情况较轻，对安全运行影响不大的缺陷。

17. 变电站设备缺陷的处理时限是怎么规定的？

答：（1）危急缺陷处理不超过 24h；

(2) 严重缺陷处理不超过1个月;

(3) 需停电处理的一般缺陷不超过1个检修周期，可不停电处理的一般缺陷原则上不超过3个月。

18. 运维班负责的带电检测项目有哪些?

答: 运维班负责的带电检测项目包括：一次设备、二次设备红外热成像检测、开关柜地电波检测、变压器铁芯与夹件接地电流测试、接地引下线导通检测、蓄电池内阻测试和蓄电池核对性充放电。

19. 防误闭锁装置的"五防"功能指什么?

答: (1) 防止误分、误合断路器;

(2) 防止带负荷拉、合隔离开关或手车触头;

(3) 防止带电装设(合)接地线(接地刀闸);

(4) 防止带接地线(接地刀闸)合断路器(隔离开关);

(5) 防止误入带电间隔。

20. 怎样做到防误装置日常运行时保持良好的状态?

答: (1) 运行巡视及缺陷管理应等同主设备管理;

(2) 检修维护工作应有明确分工和专人负责，检修项目与主设备检修项目协调配合。

21. 变电运维人员对防误闭锁装置应做到的"四懂三会"是指什么?

答: 懂防误装置的原理、性能、结构和操作程序，会熟练操作、会处缺和会维护。

22. 应怎样管理变电站的接地线?

答: (1) 接地线的使用和管理严格按"安规"执行;

(2) 接地线的装设点应事先明确设定，并实现强制性闭锁;

(3) 在变电站内工作时，不得将外来接地线带入站内。

23. 变电站在线监测装置管理要求有哪些?

答: (1) 在线监测设备等同于主设备进行定期巡视、检查;

(2) 在线监测装置告警值的设定由各级运检部门和使用单位根据技术标准或设备说明书组织实施，告警值的设定和修改应记录在案;

(3) 在线监测装置不得随意退出运行;

(4) 在线监测装置不能正常工作，确需退出运行时，应经运维单位运检部审批并记录后方可退出运行。

24. 变电运维班标准作业卡的编制原则是什么？

答：标准作业卡的编制原则为：任务单一、步骤清晰、语句简练，可并行开展的任务或不是由同一小组人员完成的任务不宜编制为一张作业卡，避免标准作业卡繁杂冗长、不易执行。

25. 变电运维班标准作业卡编号规则是什么？有哪些工作类别？

答：标准作业卡编号应在本运维单位内具有唯一性。按照“变电站名称+工作类别+年月+序号”规则进行编号，其中工作类别包括维护、检修、带电检测、停电试验。

26. 变电运维班运维分析主要针对哪些内容进行？

答：运维分析分为综合分析和专题分析，主要是针对设备运行、操作和异常情况及运维人员规章制度执行情况进行分析，找出薄弱环节，制订防范措施，提高运维工作质量和运维管理水平。

27. 变电运维班综合分析的主要内容包括哪些？

答：（1）“两票”和规章制度执行情况分析；

（2）事故、异常的发生、发展及处理情况；

（3）发现的缺陷、隐患及处理情况；

（4）继电保护及自动装置动作情况；

（5）季节性预防措施和反事故措施落实情况；

（6）设备巡视检查监督评价及巡视存在问题；

（7）天气、负荷及运行方式发生变化，运维工作注意事项；

（8）本月运维工作完成情况以及下月运维工作安排。

28. 变电运维班专题分析的主要内容包括哪些？

答：（1）设备出现的故障及多次出现的同一类异常情况；

（2）设备存在的家族性缺陷、隐患，采取的运行监督控制措施；

（3）其他异常及存在安全隐患的情况及其监督防范措施。

29. 变电站异常及故障处理应遵守哪些规程规定？

答：变电站异常及故障处理应遵守 Q/GDW 1799. 1—2013《国家电网公司电力安全工作规程　变电部分》、各级《电网调度管理规程》《变电站现场运行通用规程》《变电站现场运行专用规程》及安全工作规定，在值班调控人员统一指挥下处理。

30. 对于进入变电站工作的临时工、外来施工人员应怎样管理？

答：对于进入变电站工作的临时工、外来施工人员必须履行相应的手续、经安全监察部门进行安全培训和考试合格后，在工作负责人的带领下，方可进入变电站。如在施工过程中违反变电站安全管理规定，运维人员有权责令其离开变电站。

31. 应怎样管理外来施工队伍到变电站工作？

答：外来施工队伍到变电站必须先由工作负责人办理工作票，其他人员应在非设备区等待，不得进入主控室及设备场区；工作许可后，外来施工队伍应在工作负责人带领和监护下到施工区域开展工作。

32. 变电运维工作的检查与考核内容包括哪些？

答：(1) 日常运维管理；
(2) 专项管理；
(3) 安全管理；
(4) 基础资料管理；
(5) 标准化作业执行情况。

33. 运行中变压器进行哪些工作时，应将重瓦斯保护改投信号？

答：(1) 变压器补油，换潜油泵，油路检修及气体继电器探针检测等工作；
(2) 冷却器油回路、通向储油柜的各阀门由关闭位置旋转至开启位置；
(3) 油位计油面异常升高或呼吸系统有异常需要打开放油或放气阀门；
(4) 变压器运行中，将气体继电器集气室的气体排出时；
(5) 需更换硅胶、吸湿器，而无法判定变压器是否正常呼吸时。

34. 在哪些情况下，变压器有载调压开关禁止调压操作？

答：(1) 真空型有载开关轻瓦斯保护动作发信时；
(2) 有载开关油箱内绝缘油劣化不符合标准；
(3) 有载开关储油柜的油位异常；
(4) 变压器过负荷运行时，不宜进行调压操作；过负荷 1.2 倍时，禁止调压操作。

35. 有载分接开关滤油装置有几种工作方式？

答：(1) 正常运行时一般采用联动滤油方式；

(2) 动作次数较少或不动作的有载分接开关，可设置为定时滤油方式；
(3) 手动方式一般在调试时使用。

36. 变压器并列运行的基本条件是什么？

答：(1) 联结组标号相同；
(2) 电压比相同，差值不得超过±0.5%；
(3) 阻抗电压值偏差小于10%。

37. 新投入或者经过大修的变压器特殊巡视内容有哪些？

答：(1) 各部件无渗漏油；
(2) 声音应正常，无不均匀声响或放电声；
(3) 油位变化应正常，应随温度的增加合理上升，并符合变压器的油温曲线；
(4) 冷却装置运行良好，每一组冷却器温度应无明显差异；
(5) 油温变化应正常，变压器（电抗器）带负载后，油温应符合厂家要求。

38. 变压器过载时特殊巡视内容有哪些？

答：(1) 定时检查并记录负载电流，检查并记录油温和油位的变化；
(2) 检查变压器声音是否正常，接头是否发热，冷却装置投入数量是否足够；
(3) 防爆膜、压力释放阀是否动作。

39. 变压器故障跳闸后特殊巡视内容有哪些？

答：(1) 检查现场一次设备（特别是保护范围内设备）有无着火、爆炸、喷油、放电痕迹、导线断线、短路、小动物爬入等情况；
(2) 检查保护及自动装置（包括气体继电器和压力释放阀）的动作情况；
(3) 检查各侧断路器运行状态（位置、压力、油位）。

40. 哪些情况下断路器跳闸后不得试送？

答：(1) 全电缆线路；
(2) 值班调控人员通知线路有带电检修工作；
(3) 低频减载保护、系统稳定控制、联切装置及远切装置动作后跳闸的断路器；
(4) 断路器开断故障电流的次数达到规定次数时；
(5) 断路器铭牌标称容量接近或小于安装地点的母线短路容量时。

41. 断路器操作前应检查哪些内容？

答：操作前应检查控制回路和辅助回路的电源正常，检查机构已储能，检查油断路器油位、油色正常；真空断路器外观无异常；SF_6 断路器气体压力在规定的范围内；各种信号正确、表计指示正常。

42. 断路器操作后位置检查应怎样进行？

答：断路器操作后的位置检查应以机械位置指示、电气指示、仪表及各种遥测、遥信等信号的变化来判断。具备条件时应到现场确认本体和机构（分）合闸指示器以及拐臂、传动杆位置，保证断路器确已正确（分）合闸。同时检查断路器本体有无异常。

43. 断路器操动机构出现频繁打压的处理原则是什么？

答：(1) 现场检查油泵（空压机）运转情况；

(2) 检查液压操动机构油位是否正常，有无渗漏油，手动释压阀是否关闭到位；气动操动机构有无漏气现象，排水阀、气水分离器电磁排污阀是否关闭严密；

(3) 现场检查油泵（空压机）启、停值设定是否符合厂家规定；

(4) 低温、雨季时检查加热驱潮装置是否正常工作；

(5) 必要时联系检修人员处理。

44. 组合电器在哪些情况下运维人员应立即汇报调控人员申请将组合电器停运？

答：(1) 设备外壳破裂或严重变形、过热、冒烟；

(2) 声响明显增大，内部有强烈的爆裂声；

(3) 套管有严重破损和放电现象；

(4) SF_6 气体压力低至闭锁值；

(5) 组合电器压力释放装置（防爆膜）动作；

(6) 组合电器中断路器发生拒动时；

(7) 其他根据现场实际认为应紧急停运的情况。

45. 隔离开关在哪些情况下应立即向值班调控人员申请停运处理？

答：(1) 线夹有裂纹、接头处导线断股散股严重；

(2) 导电回路严重发热达到危急缺陷，且无法倒换运行方式或转移负荷；

(3) 绝缘子严重破损且伴有放电声或严重电晕；

(4) 绝缘子发生严重放电、闪络现象；

(5) 绝缘子有裂纹；

(6) 其他根据现场实际认为应紧急停运的情况。

46. 允许隔离开关操作的范围有哪些?

答:(1) 拉、合系统无接地故障的消弧线圈;

(2) 拉、合系统无故障的电压互感器、避雷器或 220kV 及以下电压等级空载母线;

(3) 拉、合系统无接地故障的变压器中性点的接地开关;

(4) 拉、合与运行断路器并联的旁路电流;

(5) 拉、合 110kV 及以下电压等级且电流不超过 2A 的空载变压器和充电电流不超过 5A 的空载线路,但当电压在 20kV 以上时,应使用户外垂直分合式三联隔离开关;

(6) 拉开 330kV 及以上电压等级 3/2 接线方式中的转移电流(需经试验允许);

(7) 拉、合电压在 10kV 及以下时,电流小于 70A 的环路均衡电流。

47. 应如何处理开关柜手车位置指示异常?

答:(1) 检查手车操作是否到位;

(2) 检查二次插头是否插好、有无接触不良;

(3) 检查相关指示灯的工作电源是否正常,如电源开关跳闸,试合电源开关;

(4) 检查指示灯是否损坏,如损坏进行更换;

(5) 无法自行处理或查明原因时,应联系检修人员处理。

48. 应如何处理开关柜手车推入或拉出操作卡涩?

答:(1) 检查操作步骤是否正确;

(2) 检查手车是否歪斜;

(3) 检查操作轨道有无变形、异物;

(4) 检查电气闭锁或机械闭锁有无异常;

(5) 无法自行处理或查明原因时,应联系检修人员处理。

49. 电流互感器末屏接地不良有什么现象?

答:(1) 末屏接地处有放电声响及发热迹象;

(2) 夜间熄灯可见放电火花、电晕。

50. 电流互感器二次回路开路有什么现象?

答:(1) 监控系统发出告警信息,相关电流、功率指示降低或为零;

(2) 相关继电保护装置发出“TA 断线”告警信息;

(3) 本体发出较大噪声,开路处有放电现象;

(4) 相关电流表、功率表指示为零或偏低,电能表不转或转速缓慢。

51. 电压互感器本体发热的处理原则是什么？

答：（1）对电压互感器进行全面检查，检查有无其他异常情况，查看二次电压是否正常；

（2）油浸式电压互感器整体温升偏高，且中上部温度高，温差超过2K，可判断为内部绝缘能力降低，应立即汇报值班调控人员申请停运处理。

52. 雷雨天气及系统发生过电压后，应如何检查避雷器？

答：（1）检查外部是否完好，有无放电痕迹；

（2）检查监测装置外壳完好，无进水；

（3）与避雷器连接的导线及接地引下线有无烧伤痕迹或断股现象，监测装置底座有无烧伤痕迹；

（4）记录放电计数器的放电次数，判断避雷器是否动作；

（5）记录泄漏电流的指示值，检查避雷器泄漏电流变化情况。

53. 避雷器本体发热的处理原则是什么？

答：（1）确认本体发热后，可判断为内部异常；

（2）立即汇报值班调控人员申请停运处理；

（3）接近避雷器时，注意与避雷器设备保持足够的安全距离，应远离避雷器进行观察。

54. 国家电网公司变电验收管理规定零缺投运是指什么？

答：零缺投运指各级变电运检人员应把零缺投运作为验收阶段工作目标，坚持原则、严谨细致，严把可研初设审查、厂内验收、到货验收、隐蔽工程验收、中间验收、竣工（预）验收、启动验收各道关口，保障设备投运后长期安全稳定运行。

55. 国家电网公司变电验收管理规定标准作业是指什么？

答：标准作业指变电运检验收工作应严格执行现场验收标准化作业，细化工作步骤，量化关键工艺，工作前严格审核，工作中逐项执行，工作后责任追溯，确保作业质量。

56. 变压器套管油位应满足什么要求？

答：（1）油位或气体压力正常，油位计或压力计就地指示应清晰，便于观察；

（2）油套管垂直安装油位在1/2以上（非满油位）；倾斜15°安装应高于2/3至满油位。

57. 采用排油注氮保护装置的变压器保护装置应满足哪些要求？采用哪种继电器？

答：排油注氮装置应满足启动功率、线圈功率、动作逻辑关系；应采用具有联动功能的双浮球结构的气体继电器。

58. 对处于严寒地区、运行10年以上的罐式断路器应该怎么处理？

答：应结合例行试验对瓷套管法兰浇装部位防水层完好情况进行检查，必要时应重新复涂防水胶。

59. 弹簧机构断路器在新装和大修后应进行的机械特性测试有哪些？

答：机械性能测试包括分合闸速度、分合闸时间、分合闸不同期性、机械行程和超程、行程特性曲线等。

60. 组合电器导电回路电阻测量值应满足哪些要求？

答：（1）有明显增长，但初值差小于20%，且不大于厂家规定值；
（2）初值差大于等于20%，但小于50%，且不超过厂家规定值；
（3）初值差大于等于50%或超过厂家规定。

61. 2012年3月27日后，GIS设备选型采购应注意什么？

答：应检查液压（气动）机构分、合闸阀的阀针是否松动或变形，防止由于阀针松动或变形造成断路器拒动。

62. 隔离开关导电回路应满足哪些条件？

答：（1）导电回路无异常放电声；
（2）导电臂（管）表面无锈蚀；
（3）隔离开关、接地开关触头完好，无异常；
（4）均压环无锈蚀、无变形、无破损；
（5）导电臂（管）连接螺栓无松动、轴销齐全、软连接无开裂断股；
（6）本体及引线无异物。

63. 隔离开关的接地应满足哪些条件？

答：（1）构架应有两点与主地网连接；
（2）接地端子应有明显的接地标志，应与设备底座可靠连接，无放电、发热痕迹；
（3）接地引下线完好，接地可靠，接地螺栓直径应不小于12mm，接地引下线截面应满足安装地点短路电流的要求。

64. 开关柜五防应具备哪些条件？

答：功能应齐全、性能良好，出线侧应装设具有自检功能的带电显示装置，并与线路侧接地刀闸实行连锁。

65. 高压开关柜内一次接线，避雷器、电压互感器等符合什么要求？

答：（1）高压开关柜内一次接线应符合国家电网公司输变电工程典型设计要求；

（2）避雷器、电压互感器等柜内设备应经隔离开关（或隔离手车）与母线相连，严禁与母线直接连接。

66. 电流互感器引线及接线应满足什么要求？

答：（1）各接地部位的接地牢固可靠，等电位连接可靠；

（2）伸缩节在温度变化下应留有余量，避免瓷瓶受到拉力损伤；

（3）各连接引线及接头无发热、变色迹象，引线无断股、散股；

（4）线夹不应采用铜铝对接过渡线夹，铜铝对接线夹应制定更换计划。

67. 电流互感器外绝缘防污型瓷套污秽等级不满足要求时应怎么做？

答：应喷涂 RTV 涂料且状态良好或加装增爬裙且状态良好。

68. 电流互感器出现什么情况需要缩短试验周期？

答：油中有乙炔、介质损耗因数上升或单氢超标的电流互感器需要缩短试验周期。

69. 在检查电压互感器检修记录的时候应检查什么？

答：最近 1 次停电检修记录和最近 1 年的日常检修记录。

70. 电压互感器的引线及接线、箱体应满足什么要求？

答：（1）线夹不应采用铜铝对接过渡线夹，铜铝对接线夹应制定更换计划；

（2）电压互感器端子箱熔断器和二次空气开关工作正常；

（3）各连接引线及接头无发热、变色迹象，引线无断股、散股；

（4）各接地部位的接地牢固可靠，等电位连接可靠。

71. 避雷器的安装投运技术文件有哪些？

答：避雷器的安装投运技术文件有：采购技术协议或技术规范书、出厂试验报告、交接试验报告、安装调试质量监督检查报告。

72. 避雷器的检修技术文件有哪些？

答：避雷器的检修技术文件有：设备评价报告、检修记录、履历卡片。

73. 电容器的技术资料有哪些？

答：电容器的技术资料有：安装投运技术文件、检修技术文件、技术档案、台账。

74. 电容器引线及固定金具连接有什么要求？

答：（1）电容器引线与端子间连接应使用专用压线夹；

（2）电容器之间的连接线应采用软连接，软连接应根据相色进行绝缘包封。

75. 对电容器的储油柜有什么要求？

答：油位指示应正常，油位计内部无油垢，油位清晰可见，储油柜外观应良好，无渗油、漏油现象。

76. 对于并联电抗器红外图谱的检查有哪些？

答：核查近3年图谱库，每年至少建立1次，应明确测试时间、设备名称、运行编号、负荷情况、环境条件，检测部位应包括电抗器、引线接头。

77. 并联电抗器的线夹及引线应满足什么要求？

答：（1）抱箍、线夹应无裂纹、过热现象；

（2）不应采用铜铝对接过渡线夹，铜铝对接线夹应制定更换计划；

（3）引线无散股、扭曲、断股现象。

78. 电抗器需要装设围栏时应怎么做？

答：（1）常设封闭式围栏并可靠闭锁，接地良好；围栏高度符合安规要求并悬挂标示牌，安全距离符合要求；

（2）围栏完整，高度应在1.7m以上；围栏底部应有排水孔；

（3）如使用金属围栏则应留有防止产生感应电流的间隙；电抗器中心与周围金属围栏及其他导电体的最小距离不得低于电抗器外径的1.1倍。

79. 金属氧化物限压器外观应满足什么要求？

答：（1）外观清洁、无异物；外部完整无缺损，封口处密封应良好；

（2）硅橡胶复合绝缘外套伞裙无破损或变形；

（3）绝缘基座及接地应良好、牢靠，接地引下线的截面应满足热稳定要求；接地装置连通良好；

（4）安装垂直度应符合要求。

80. 触发型间隙的外观应满足什么要求？

答：（1）铭牌标志完整；

（2）触发型间隙小室外壳固定螺栓齐全紧固；

（3）触发型间隙外壳应焊接牢固、无变形或损伤；

（4）防昆虫网体应完好；

（5）套管绝缘子瓷质表面无损伤、裂纹；

（6）各固定螺栓牢固；

（7）各部件和设备连线应规范、正确、牢固。

81. 引流线应符合什么要求？

答：（1）引流线无发热；

（2）线夹与设备连接平面无缝隙，螺丝出头明显；

（3）引线无断股或松股现象，无腐蚀现象，无异物悬挂；

（4）引线弧垂应符合规范的要求，对绝缘子及隔离开关不应产生附加拉伸和弯曲应力；

（5）压接型设备线夹，朝上 30°～90°安装时应配钻直径 6mm 的排水孔。

82. 金具应符合什么要求？

答：（1）无变形、锈蚀现象；

（2）伸缩金具无变形、散股、拉直、顶死及支撑螺杆脱出；

（3）金具外观无裂纹、断股和折皱现象。

83. 穿墙套管引线及接线的要求是什么？

答：（1）油漆应完好；相色正确；接地良好，无锈蚀；

（2）套管接地端接地扁铁应可靠、明显接地，有接地标志；

（3）引线头接触面应擦拭清洁、涂导电膏；螺栓连接搭头紧固，无锈蚀；

（4）线夹不应采用铜铝对接过渡线夹，铜铝对接线夹应制定更换计划。

84. 穿墙套管例行试验包括哪些？

答：穿墙套管例行试验包括：①试验周期；②绝缘电阻试验；③复合绝缘套管憎水性试验；④35kV 及以下进行耐压试验；⑤电容量和介质损耗测量。

85. 对电缆接头有什么要求？

答：对电缆接头的要求是：①电缆接头部分应可靠固定；②电缆接头主体无损伤及变

形；③保护壳密封良好，无渗漏现象；④接头支架无锈蚀和损坏现象。

86. 同一通道内不同电压等级的电缆应该怎么排列？

答：按照电压等级的高低从下向上排列，分层敷设在电缆支架上，交叉跨越点有防护措施。

87. 对消弧线圈的本体有什么要求？

答：（1）温度指示正常，无异常现象；

（2）油位计外观完整，密封良好，指示正常；

（3）法兰、阀门、冷却装置、油箱、油管路等密封连接处密封良好，无渗漏痕迹；

（4）运行中的振动噪声应无明显变化及异味；

（5）（干式）环氧浇注绝缘表面光滑，无裂纹、放电痕迹，无受潮和碳化现象。

88. 对消弧线圈阻尼电阻箱有什么要求？

答：外观完好，各部位应无鼓包、烧损等现象，端子箱内清洁，无杂物，标志明确，散热风扇启动正常。

89. 高频阻波器精益化评价细则线夹及引线要求是什么？

答：（1）线夹是否有裂纹、过热现象；

（2）线夹不应采用铜铝对接过渡线夹，如果为铜铝线夹应制定更换计划；

（3）线夹及引线的铝设备线夹，朝上30°~90°安装时应配钻直径6mm的排水孔；

（4）引线是否有散股、扭曲、断股现象。

90. 耦合电容器本体外绝缘评价要求是什么？

答：（1）外绝缘表面清洁，绝缘子无破损、无裂纹、法兰无开裂，没有放电、严重电晕现象，单个缺釉不大于25mm^2，釉面杂质总面不超过100mm^2；

（2）金属法兰与瓷件浇装部位黏合应牢固，防水胶完好，喷砂均匀，无明显电腐蚀；

（3）污秽等级不满足要求时，应喷涂防污闪涂料且状态良好或加装增爬裙且状态良好。

91. 电容隔直/电阻限流装置机械旁路开关现场检查要求是什么？

答：（1）设备出厂铭牌齐全、清晰可识别；

（2）开关无锈蚀、破损，安装牢固；开关分合闸位置指示清晰易见；

（3）机构二次接线无松动、无损坏，二次电缆绝缘层无变色、老化、损坏现象；

（4）开关电动、手动分合闸情况正常，机构无卡涩、连击；

（5）辅助开关转动灵活，接点到位，功能正常。

92. 中性点隔直电容的要求是什么？

答：（1）电容器母线应平整，无弯曲变形；

（2）电容器安装应牢固，无松动；

（3）容器外壳应无明显变形，外表无锈蚀，无渗漏；

（4）电容器无过热或异常声响。

93. 电容隔直/电阻限流装置对互感器的要求是什么？

答：（1）互感器装应牢固、无破损；

（2）电压互感器输入电缆应使用穿黄蜡管的高压一次电缆，接线应牢固、无松动；

（3）互感器二次电缆接线应牢固、无松动，二次电缆绝缘层无变色、老化、损坏现象。

94. 接地装置精益化评价中安装投运技术文件有哪些？

答：竣工图、交接试验报告、安装调试质量监督检查报告。

95. 接地装置精益化评价中技术档案有哪些？

答：土壤电阻率测试记录、履历卡片、历次改造记录（有改造时）、异常及处理措施记录（有异常时）。

96. 接地装置精益化评价中接地电阻测量的检查内容有哪些？

答：是否按要求每6年进行接地电阻测量，电源、布线位置、方式及间距是否满足要求，测试结果是否满足设计值要求；运行维护期间的测试结果与之前比是否有变化，不大于初值1.3倍。

97. 接地装置精益化评价中接触电压和跨步电压测量的检查内容有哪些？

答：接地阻抗明显增加，或者接地网开挖检查和修复之后，应进行接触电压和跨步电压测量，场区划分是否合理，电源、布线位置和间距、电极选择、测试仪器选择是否满足要求，测量结果是否满足设计要求。

98. 端子箱及检修电源箱精益化评价中反措要求有哪些？

答：开关场的就地端子箱内应设置截面不小于100mm^2的裸铜排，并使用截面不小于100mm^2的铜排（缆）与电缆沟道内的等电位接地网连接，由开关场的变压器、断路器、隔离开关和电流、电压互感器等设备至开关场就地端子箱之间的二次电缆的屏蔽层在就地端子箱处单端使用截面面积不小于 4mm^2 多股铜质软导线可靠连接至等电位接地网的铜排上，在一次设备的接线盒（箱）处不接地，现场端子箱不应交、直流混装，避免交、直流接线出现在同一段或串端子排上。

99. 站用变压器精益化评价中检修技术文件有哪些？

答：设备评价报告、检修记录、履历卡片。

100. 站用变压器精益化评价中技术档案有哪些？

答：竣工图纸、设备使用说明书、停电例行试验报告、带电检测报告、站用变压器本体非电量保护校验记录、建立红外图谱库。

101. 站用变压器精益化评价中外观检查内容有哪些？

答：设备铭牌齐全、清晰可识别；运行编号标志清晰、正确可识别；相序标志清晰、正确可识别；本体及组件金属部位无明显锈蚀；本体及组件无渗漏油。

102. 站用变压器精益化评价中交流输入检查内容有哪些？

答：同一 ATS（备自投切换装置）的两路输入应取自不同的站用变压器，两个交流进线屏交流输入应取自不同的站用变压器，编号对应，两路交流进线相序、相位正确。

103. 土建设施精益化评价中，如何评判电缆沟质量？

答：（1）电缆沟结构平整密实、排水坡度正确，无积水、杂物，变形缝的填缝勾缝处理完好，沟壁沟底无明显裂缝。支架牢固无锈蚀，电缆沟每隔一定距离（60m）采取防火隔离措施；
（2）电缆沟盖板铺设平整、顺直，无响声，盖板无损伤、裂缝。

104. 土建设施精益化评价中，如何评判墙面抹灰质量？

答：（1）抹灰墙面平整、色泽均匀，无空鼓、开裂、脱皮；
（2）护角、孔洞、槽、盒周围的抹灰表面平整、方正。

105. 土建设施精益化评价中，如何评判墙面砖工程质量？

答：饰面板（砖）表面应平整、色泽一致，无裂痕和缺损，洁净无泛碱；填缝应连续、密实；滴水线（槽）应顺直，坡度应符合排水要求。

106. 土建设施精益化评价中，如何评判涂料工程质量？

答：涂层饱满均匀、色泽一致、粘贴牢固，表面平整，无泛碱、裂纹等现象；外墙分格缝留置合理。

107. 变电运检管理评价中，场内验收的评判标准有哪两项?

答：(1) 运检单位（部门）按照电压等级和设备类型选派相关技术人员参加，并形成记录；

(2) 发现的重大问题应填写重大问题反馈联系单，并形成闭环手续。

108. 变电运检管理评价中，到货验收的评判标准有哪三项?

答：(1) 运检单位（部门）应在工程开工前向建设管理单位（部门）提交需参加验收的到货验收清单（仅基建工程要求）；

(2) 运检单位（部门）按照电压等级和设备类型选派相关技术人员参加，并形成记录；

(3) 发现的重大问题应填写重大问题反馈联系单，并形成闭环手续。

109. 变电运检管理评价中，隐蔽工程验收的评判标准有哪三项?

答：(1) 运检单位（部门）应在工程开工前向建设管理单位（部门）提交需参加验收的隐蔽工程清单（仅基建工程要求）；

(2) 运检单位（部门）按照电压等级和设备类型选派相关技术人员参加，并形成记录；

(3) 发现的重大问题应填写重大问题反馈联系单，并形成闭环手续。

110. 根据变电运检管理评价，运维班管理中交接班的评判标准是什么?

答：交接班方式与值班方式保持一致，交接班主要内容应正确齐全，应包括运行方式、缺陷异常、两票、维护检修、工器具仪表备品备件、其他任务。

111. 根据变电运检管理评价，运维班管理中运行计划的评判标准是什么?

答：变电运维室（分部）、运维班应根据上级要求制定年度计划、月度计划两项计划；计划执行中应明确每项具体工作责任人和时限。

112. 根据《变电运检管理评价》《变电运维管理规定》，设备巡视评判标准是什么?

答：(1) 按规定开展巡视工作，巡视次数符合要求；

(2) 巡视项目和标准按照各单位审定的标准化巡视作业卡执行；标准化巡视作业卡执行规范。

113. 油浸式变压器过负荷是指什么?

答：达到短期急救负载运行规定或长期急救负载运行规定。

114. 油浸式变压器对冷却系统电机运行的检查内容是什么？

答：（1）风机运行异常；

（2）油泵、水泵及油流继电器工作异常。

115. 油浸式变压器冷却装置散热效果可能出现的问题是什么？

答：（1）冷却装置表面有积污，但对冷却效果影响较小；

（2）冷却装置表面积污严重，对冷却效果影响明显。

116. 断路器额定短路电流开断次数超限有哪些情况？

答：（1）断路器的累计开断额定短路电流次数超过允许额定短路电流开断次数；

（2）断路器的累计开断额定短路电流次数接近允许额定短路电流开断次数；操作次数接近断路器的机械寿命次数。

117. 断路器本体内声音异常有哪些情况？

答：内部及管道有异常声音（漏气声、振动声、放电声等）。

118. 断路器分合闸位置指示有哪些情况？

答：（1）不正确：与当时的实际本体运行状态不相符；

（2）脱落：难以判别断路器位置，易造成误判断；

（3）偏位或不清：分合指示偏移或文字、图示模糊，无法正确反应设备实际状态。

119. 断路器的接地连接易出现哪些异常情况？

答：（1）接地连接有锈蚀、油漆剥落；

（2）接地引下线脱落；

（3）接地引下线松动。

120. 断路器本体基础及支架易出现哪些异常情况？

答：（1）基础破损：基础有严重破损或开裂；

（2）基础下沉：基础有轻微下沉或倾斜，基础有严重下沉或倾斜，影响设备安全运行；

（3）支架锈蚀、开裂：支架有严重锈蚀，支架开裂；

（4）支架松动：支架有松动或变形。

121. 组合电器断路器控制辅助回路元器件工作异常状态有哪些？

答：元器件损坏、失灵、端子排锈蚀、脏污严重或接线桩头松动发热。

122. GIS隔离开关和接地开关机构电动机运行时有哪些异常情况?

答:(1)电机有异响;

(2)电机烧损或停转。

123. 组合电器中,气动装置储能电机有哪些异常情况?

答:(1)储能电机外壳严重锈蚀电机有异响;

(2)储能电机烧损或停转、皮带损坏;

(3)储能电机烧损或停转、皮带损坏;

(4)储能电机绝缘电阻低于0.5MΩ(采用500V或1000V绝缘电阻表测量)。

124. 隔离开关和接地开关导电回路有哪些异常情况?

答:(1)出现异常放电声;

(2)导体出现腐蚀现象。

125. 隔离开关和接地开关分合闸操作时有哪些异常情况?

答:(1)分合不到位;

(2)三相同期性不满足要求;

(3)电动操作失灵;

(4)机构电动机出现异常声响现象。

126. 隔离开关和接地开关传动部件有哪些异常情况?

答:(1)分合闸不到位,存在卡涩现象;

(2)出现裂纹、紧固件松动等现象。

127. 隔离开关和接地开关操动机构有哪些异常情况?

答:(1)电动操动机构在额定操作电压下分、合闸5次,动作不正常;

(2)手动操动机构操作不灵活,存在卡涩。

128. 开关柜盘面表计、指示灯指示异常是指什么?

答:电流、电压值显示不正确,分合闸、储能指示不正确,有异常报警信号。

129. 开关柜中、隔离开关(隔离手车)和接地开关的触头易出现什么异常情况?

答:(1)弹簧松弛,触头松动,接触不良,触头插入深度不满足制造厂家技术要求;

（2）表面不平整，有凹陷、烧蚀迹象；
（3）镀银层脱落、厚度不满足 8μm 的要求。

130. 开关柜中、隔离开关（隔离手车）和接地开关的操动部件易出现什么异常情况？

答：（1）分合闸不到位，存在卡涩现象；
（2）三相同期性不满足要求；
（3）电动操作失灵，机构电动机出现异常声响现象；
（4）基座、连杆等出现裂纹或断裂等现象。

131. 开关柜中、隔离开关（隔离手车）和接地开关的绝缘子易出现什么异常情况？

答：（1）绝缘子表面有明显污秽；
（2）表面有轻微放电或轻微电晕；
（3）绝缘子有严重破损或裂纹。

132. 电流互感器本体外绝缘表面情况易出现哪些异常情况？

答：（1）硅橡胶憎水性能异常；
（2）瓷外套防污闪涂料憎水性能异常或破损；
（3）外绝缘破损。

133. 电流互感器二次接线盒易出现哪些异常情况？

答：（1）密封不良：密封、压条破损，关闭错位，螺丝缺失、滑牙，封堵不严等；
（2）内部受潮：接线盒内空气湿度较大，内部有湿气，金属部件锈蚀；
（3）锈蚀：二次接线盒外观锈蚀；
（4）二次开路。

134. 电磁式电压互感器外绝缘情况易出现哪些异常？

答：（1）外绝缘爬距不满足所在地区污秽程度要求且没有采取措施；
（2）硅橡胶憎水性能异常；
（3）瓷外套防污闪涂料憎水性能异常或破损；
（4）外绝缘破损。

135. 电磁式电压互感器接地连接易出现哪些异常情况？

答：（1）接地连接有锈蚀或油漆剥落；
（2）接地引下线松动、脱落。

136. 电容式电压互感器外绝缘情况易出现哪些异常？

答：(1) 外绝缘爬距不满足所在地区污秽程度要求且没有采取措施；
(2) 瓷外套防污闪涂料憎水性能异常或破损；
(3) 硅橡胶憎水性能异常；
(4) 外绝缘破损。

137. 避雷器本体锈蚀是指什么情况？

答：外观连接法兰、连接螺栓有较严重的锈蚀或油漆脱落现象。

138. 避雷器本体外绝缘表面情况易出现哪些异常？

答：(1) 硅橡胶憎水性能异常；
(2) 瓷外套防污闪涂料憎水性能异常或破损；
(3) 外绝缘破损。

139. 对并联电容器组本体外观要检查什么？

答：(1) 高压引线连接有无松动、断股，有放电；
(2) 构架或箱体：表面有无轻微破损、脱落或轻微锈蚀；
(3) 单台外壳：单台电容器表面有无严重破损、脱落、锈蚀或膨胀变形；
(4) 集合式外壳：集合式电容器表面有无严重破损、脱落或严重锈蚀；
(5) 呼吸器：集合式电容器油呼吸器硅胶有无 2/3 以上变色。

140. 并联电容器组接地引下线的异常情况有哪些？

答：(1) 有轻微锈蚀，导通试验合格；
(2) 严重锈蚀、双根截面不满足通流要求，导通试验数据异常偏大。

141. 干式电抗器接地附件易出现哪些异常情况？

答：(1) 接地不可靠，松动；严重锈蚀、过热变色等现象；
(2) 接地断裂；
(3) 每相支柱绝缘子接地不符合要求或接地线形成闭合环路。

142. 电容器组外观出现哪些现象时，需结合停电安排 B 类检修，更换电容器；在进行 B 类检修前，加强 D 类检修？

答：(1) 电容器瓷套有破损现象；

（2）电容器有壳体鼓肚现象；

（3）电容器有壳体渗油现象；

（4）电容器有壳体破裂、漏油、壳体严重鼓肚现象。

143. 本体储油柜油位油位异常，过高或过低，应采取何种检修策略？

答：本体储油柜油位异常，过高或过低，进行 D 类检修，利用红外测温核实实际油位。必要时开展 C 类检修，进行实际油位测量，根据检查情况适时安排相关工作。

144. 油浸式消弧线圈分接开关卡塞、接触不良、触头有烧伤痕迹、声级与振动异常时，应如何处理？

答：油浸式消弧线圈分接开关卡塞、接触不良、触头有烧伤痕迹、声级与振动异常，开展 B 类检修，对分接开关进行处理。

145. 油浸式接地变压器漏油严重，油滴速度较快（快于每滴 5s）或形成油流如何处理？

答：油浸式接地变压器漏油严重，油滴速度较快（快于每滴 5s）或形成油流，开展 C 类或 B 类检修，对漏油部位进行处理。必要时进行补油。

146. 高频阻波器上筑有鸟窝，主线圈风道内有柴草、金属丝、需要排除的异物等不利于运行的现象应如何处理？

答：筑有鸟窝，主线圈风道内有柴草、金属丝、需要排除的异物等不利于运行，开展 C 类检修，清理异物。

147. 避雷器直流参考电压及泄漏电流如何考察？相应的检修策略是什么？

答：避雷器直流参考电压及泄漏电流 U_{1mA} 初值差超过±5%且低于 GB 11032《交流无间隙金属氧化物避雷器》规定值（注意值）$0.75U_{1mA}$ 漏电流初值差>30%或>50μA（注意值），开展 A 类检修，更换避雷器。

148. 系统或被保护设备发生变化时，熔断器的额定电流不满足哪些应用要求，需整体更换？

答：（1）回路中正常和可能的过载电流；

（2）回路中可能出现的瞬态电流；

（3）与其他保护装置的配合。

149. 放电间隙表面有脏污、放电痕迹、裂纹，应如何处理？

答：放电间隙表面有脏污、放电痕迹、裂纹，开展 C 类检修或 B 类检修。

150. 互感器正常运行工况下，电流、电压数值异常如何处理？

答：互感器正常运行工况下，电流、电压数值异常，开展C类检修，开展电流、电压数值检测，必要时更换传感器。

151. 变电站主接地体腐蚀达到什么程度，适时安排C类检修或B类检修，更换接地体？

答：（1）腐蚀剩余导体面积为80%~95%；

（2）腐蚀剩余导体面积为60%~80%，但能满足热容量；

（3）腐蚀剩余导体面积小于60%，但能满足热容量。

152. 等电位接地网在就地端子箱处，应使用什么敷设与主接地网紧密连接的等电位接地网？

答：应使用截面不小于100mm^{2}的裸铜排（缆）敷设与主接地网紧密连接的等电位接地网。

153. 站用变压器达到短期急救负载运行规定或长期急救负载运行规定，采取什么检修策略？

答：站用变压器达到短期急救负载运行规定或长期急救负载运行规定，开展D类检修，根据试验结果适时安排变压器进行C类或B类检修。

154. 交流断路器参数不满足哪些要求，需开展B类检修，必要时更换交流断路器？

答：交流断路器不满足工作电压、电流和动、热稳定性、开断容量要求，需开展B类检修，必要时更换交流断路器。

155. 站用变压器有合闸母线时，控制母线调压装置不满足自动或手动调节如何处理？

答：有合闸母线时，控制母线调压装置不满足自动或手动调节，开展B类检修，更换控制母线调压装置。

156. 五防系统软件开启正常，但其系统功能无法正常使用时如何处理？

答：修复五防软件，不能修复的重装五防软件系统。

157. 站内独立避雷针发生基础沉降应怎样处理？

答：开展基础沉降检查，发生下沉时，应校核保护范围并加强监测，必要时加固基础；

不均匀下沉时，应进行矫正处理，严重时应重新浇筑基础。

158. 站内避雷针接地装置接地体，当腐蚀时如何处理？

答：（1）腐蚀剩余导体面积大于60%时，但能满足热容量时，进行防腐处理；

（2）腐蚀剩余导体面积小于60%时，进行更换处理。

159. 哪些检修作业定义为大型检修？

答：（1）110（66）kV及以上同一电压等级设备全停检修；

（2）一类变电站年度集中检修；

（3）单日作业人员达到100人及以上的检修；

（4）其他本单位认为重要的检修。

160. 检修工作分类及具体内容有哪些？

答：检修工作分为四类：A类检修、B类检修、C类检修、D类检修。A类检修指整体性检修。B类检修指局部性检修。C类检修指例行检查及试验。D类检修指在不停电状态下进行的检修。

161. SF_6断路器本体巡视专业巡视要点有哪些？

答：（1）本体及支架无异物；

（2）外绝缘有无放电，放电不超过第二片伞裙，不出现中部伞裙放电；

（3）覆冰厚度不超过设计值（一般为10mm），冰凌桥接长度不宜超过干弧距离的1/3；

（4）外绝缘无破损或裂纹，无异物附着，增爬裙无脱胶、变形；

（5）均压电容、合闸电阻外观完好，气体压力正常，均压环无变形、松动或脱落；

（6）无异常声响或气味；

（7）SF_6密度继电器指示正常，表计防震液无渗漏；

（8）套管法兰连接螺栓紧固，法兰无开裂，胶装部位无破损、裂纹、积水；

（9）高压引线、接地线连接正常，设备线夹无裂纹、无发热；

（10）对于罐式断路器，寒冷季节罐体加热带工作正常。

162. 组合电器外观巡视要点有哪些？

答：（1）断开与断路器相关的各类电源并确认无电压；

（2）拆下的控制回路及电源线头所作标记正确、清晰、牢固，防潮措施可靠；

（3）工作前应充分释放所储能量；

（4）承压部件承受压力时不得对其进行修理与紧固。

163. 隔离开关单元巡视要点有哪些？

答：（1）SF_6气体密度值正常，无泄漏；

（2）无异常声响或气味；

（3）分、合闸到位，指示正确；

（4）传动连杆无变形、锈蚀，连接螺栓紧固；

（5）卡、销、螺栓等附件齐全，无锈蚀、变形、缺损；

（6）机构箱密封良好；

（7）机械限位螺钉无变位，无松动，符合厂家标准要求。

164. 避雷器单元巡视要点有哪些？

答：（1）SF_6气体密度值正常，无泄漏；

（2）无异常声响或气味；

（3）放电计数器（在线监测装置）无锈蚀、破损，密封良好，内部无积水，固定螺栓（计数器接地端）紧固，无松动、锈蚀；

（4）泄漏电流不超过规定值的10%，三相泄漏电流无明显差异；

（5）计数器（在线监测装置）二次电缆封堵可靠，无破损，电缆保护管固定可靠、无锈蚀、开裂；

（6）避雷器与放电计数器（在线监测装置）连接线连接良好，截面积满足要求。

165. 母线单元巡视要点有哪些？

答：（1）SF_6气体密度值正常，无泄漏；

（2）无异常声响或气味；

（3）波纹管外观无损伤、变形等异常情况；

（4）波纹管螺柱紧固符合厂家技术要求；

（5）波纹管波纹尺寸符合厂家技术要求；

（6）波纹管伸缩长度裕量符合厂家技术要求；

（7）波纹管焊接处完好、无锈蚀。固定支撑检查无变形和裂纹，滑动支撑位移在合格范围内。

166. 电容器单元巡视专业巡视要点有哪些？

答：（1）瓷套管表面清洁，无裂纹、无闪络放电和破损；

（2）电容器单元无渗漏油、无膨胀变形、无过热；

（3）电容器单元外壳油漆完好，无锈蚀。

167. 软母线巡视要点有哪些？

答：(1) 相序及运行编号标示清晰；

(2) 导线无断股、散股及腐蚀，无异物悬挂；

(3) 导线、接头及线夹无过热；

(4) 分裂母线间隔棒无松动、脱落；

(5) 铝包带端口无张口。

168. 母线引流线巡视要点有哪些？

答：(1) 引流线无过热；

(2) 线夹与设备连接平面无缝隙，螺栓出丝 2~3 螺扣；

(3) 引线无断股或松股现象，无腐蚀现象，无异物悬挂；

(4) 压接型设备线夹安装角度朝上 30°~90°时，应有直径 6mm 的排水孔，排水口通畅。

169. 穿墙套管专业巡视要点有哪些？

答：(1) 观察外绝缘有无放电，放电不超过第二片伞裙，不出现中部伞裙放电；

(2) 外绝缘无破损或裂纹，无异物附着，增爬裙无脱胶、破裂；

(3) 电流互感器、套管法兰无锈蚀；

(4) 均压环无变形、松动或脱落；

(5) 高压引线连接正常，设备线夹无裂纹、无过热；

(6) 金属安装板可靠接地，不形成闭合磁路，四周无雨水渗漏；

(7) 末屏、法兰及不用的电压抽取端子可靠接地；

(8) 油纸绝缘穿墙套管油位指示正常，无渗漏；

(9) 套管四周应无危及其安全运行的异常情况。

170. 干式消弧线圈本体巡视要点有哪些？

答：(1) 设备外观应完好，无锈蚀或掉漆；

(2) 底座、构架应支撑牢固，无倾斜或变形；

(3) 环氧树脂表面及端部应光滑平整，无裂纹或损伤变形；

(4) 一、二次引线接触良好，接头处无过热、变色，热缩包扎无变形；

(5) 接地引下线应完好，无锈蚀、断股，接地端子应与设备底座可靠连接；

(6) 无异响、异味。

171. 高频阻波器本体巡视要点有哪些?

答:(1)高频阻波器器身内外无异物;

(2)器身完好,线圈无变形,支撑条无明显位移或缺失,紧固带无松动、断裂;

(3)线圈无爬电痕迹、无局部过热、无放电声响;

(4)螺栓无松动,框架无脱漆、无锈蚀;

(5)保护元件(避雷器)表面无破损和裂纹,调谐元件无明显发热点。

172. 高压熔断器专业巡视要点有哪些?

答:(1)外绝缘无放电痕迹,支持绝缘件表面无裂纹、损坏;

(2)底座、熔断件触头间无放电、过热、烧伤;

(3)熔断器位置指示装置应指示正常;

(4)喷射式熔断器、户外限流熔断器载熔件密封良好;

(5)引线端子、底座触头无明显开裂、变形;

(6)底座架接地装置接地部分应完好。

173. 国家电网有限公司运维检修部(以下简称"国网运检部")是公司系统变电检修管理归口部门,履行职责有哪些?

答:(1)贯彻落实国家相关法律法规、行业标准及公司有关标准、规程、制度、规定;

(2)组织制定变电设备检修管理制度;

(3)指导、监督、检查、考核省公司变电设备检修工作,协调解决相关问题;

(4)负责与国调中心协调设备停电检修计划安排;

(5)协调跨省检修资源,组织跨省支援;

(6)组织重大设备故障、异常、隐患技术分析;

(7)组织检修新技术、新工艺、新方法的研究应用。

174. 隔离开关的操动机构巡视中有哪些巡视要点?

答:(1)箱体无变形、锈蚀,封堵良好;

(2)箱体固定可靠、接地良好;

(3)箱内二次元器件外观完好;

(4)箱内加热驱潮装置功能正常。

175. 隔离开关的引线巡视中巡视要点有哪些?

答:(1)引线弧垂满足运行要求;

（2）引线无散股、断股；
（3）引线两端线夹无变形、松动、裂纹、变色；
（4）引线连接螺栓无锈蚀、松动、缺失。

176. 隔离开关基础构架巡视中应注意什么？

答：（1）基础无破损、无沉降、无倾斜；
（2）构架无锈蚀、无变形、焊接部位无开裂、连接螺栓无松动；
（3）接地无锈蚀、连接紧固，标志清晰。

177. SF_6 电流互感器巡视要点有哪些？

答：（1）设备外观完好；外绝缘表面清洁、无裂纹及放电现象；
（2）金属部位无锈蚀，底座、构架牢固，无倾斜变形；
（3）设备外涂漆层清洁、无大面积掉漆；
（4）一、二次引线接触良好，接头无过热，各连接引线无发热迹象，本体温度无异常；
（5）检查密度继电器（压力表）指示在正常规定范围，无漏气现象；
（6）本体二次接线盒密封良好，无锈蚀。无异常声响、异常振动和异常气味；
（7）无异常声响、异常振动和异常气味；
（8）接地点连接可靠。

178. 油浸式电压互感器巡视要点有哪些？

答：（1）设备外观完好、无渗漏；外绝缘表面清洁、无裂纹及放电现象；
（2）金属部位无锈蚀，底座、构架牢固，无倾斜变形；
（3）二次引线连接正常，各连接接头无过热迹象，本体温度无异常；
（4）本体油位正常；
（5）端子箱密封良好，二次回路主熔断器或自动开关完好；
（6）电容式电压互感器二次电压（包括开口三角形电压）无异常波动；
（7）无异常声响、振动和气味；
（8）接地点连接可靠；
（9）上、下节电容单元连接线完好，无松动；
（10）外装式一次消谐装置外观良好，安装牢固。

179. 干式电压互感器巡视要点有哪些？

答：（1）设备外观完好，外绝缘表面清洁、无裂纹及放电现象；
（2）金属部位无锈蚀，底座、构架牢固，无倾斜变形；

(3) 一、二次引线连接正常，各连接接头无过热迹象，本体温度无异常；
(4) 二次回路主熔断器或自动开关完好；
(5) 无异常声响、振动和气味；
(6) 接地点连接可靠；
(7) 一次消谐装置外观完好，连接紧固，接地完好；
(8) 电子式电压互感器电压采集单元接触良好，二次输出电压正常；
(9) 外装式一次消谐装置外观良好，安装牢固。

180. 干式电抗器支柱绝缘子巡视要点有哪些？

答：(1) 外观清洁，无异物，无破损；
(2) 绝缘子无放电痕迹。

181. 干式电抗器支架及接地巡视要点有哪些？

答：(1) 基础支架螺栓紧固无松动或明显锈蚀；
(2) 基础支架无倾斜、无开裂；
(3) 接地可靠，无松动及明显锈蚀、过热变色等，接地不应构成闭合环路并两点接地。

182. 电阻限流装置的巡视要点是什么？

答：(1) 外观无锈蚀、无灰尘、无破损、无变形；
(2) 绝缘体外表面清洁、无裂纹；
(3) 装置无异常振动、异常声音及异味、无明显放电痕迹；
(4) 间隙表面无闪络痕迹；
(5) 间隙表面无异物；
(6) 监测装置无报警；
(7) 遥信、遥测量与装置运行情况是否一致。

183. 电容隔直装置的巡视要点是什么？

答：(1) 外观无锈蚀、无灰尘、无破损、无变形；
(2) 绝缘体外表面清洁、无裂纹；
(3) 装置无异常振动、异常声音及异味、无明显放电痕迹；
(4) 电容器无渗漏油、无鼓肚；
(5) 电抗器表面无变色；
(6) 检查冷控、通风设备运行正常；

（7）监测装置无报警；

（8）遥信、遥测量与装置运行情况是否一致；

（9）装置的运行动作记录。

184. 接地装置的专业巡视要点有哪些？

答：（1）变电站设备接地引下线连接正常，无松弛脱落、位移、断裂及严重腐蚀等情况；

（2）接地引下线普通焊接点的防腐处理完好；

（3）接地引下线无机械损伤；

（4）引向建筑物的入口处和检修临时接地点应设有“⏚”接地标识，刷白色底漆并标以黑色标识；

（5）明敷的接地引下线表面涂刷的绿色和黄色相间的条纹应整洁，完好；无剥落、脱漆；

（6）接地引下线跨越建筑物伸缩缝、沉降缝设置的补偿器应完好。

185. 端子箱及检修电源箱的检修工作分类有哪些？

答：（1）整体更换；

（2）部件检修；

（3）例行检查。

186. 端子箱及检修电源箱专业巡视要点有哪些？

答：（1）端子箱及检修电源箱基础无倾斜、开裂、沉降；

（2）箱体无严重锈蚀、变形，密封良好，内部无进水、受潮、锈蚀，接线端子无松动，接线排及绝缘件无放电及烧伤痕迹，箱体与接地网连接可靠；

（3）电缆孔洞封堵到位，密封良好，通风口通风良好；

（4）驱潮加热装置运行正常，温湿度控制器设置符合相关标准、规范或厂家说明书的要求；

（5）接地铜排应与电缆沟道内等电位接地网连接可靠。

187. 空气开关检修的安全注意事项包括哪些？

答：（1）断开相关电源，确认无电压后方可工作；

（2）防止交直流回路接地短路，严防误跳运行设备。

188. 继电器更换的关键工艺质量控制包括哪些？

答：（1）继电器选型符合设计、规范的要求；

（2）安装牢固，无松动；

（3）解拆二次线应做好相关标识和记录，裸露的线头应立即单独绝缘包扎；

(4) 二次接线接触良好、排列整齐、螺丝紧固；
(5) 继电器安装后经整组实验功能正常。

189. 干式站用变压器巡视要点有哪些？

答：(1) 设备外观完整无损，器身上无异物；
(2) 绝缘支柱无破损、裂纹、爬电；
(3) 温度指示器指示正确；
(4) 无异常振动和声响；
(5) 整体无异常发热部位，导体连接处无异常发热；
(6) 风冷控制及风扇运转正常（如有）；
(7) 相序正确；
(8) 本体应有可靠接地，且接地牢固。

190. 在专业巡视中，对无励磁分接开关有什么要求？

答：(1) 密封良好，无渗漏油；
(2) 档位指示器清晰、指示正确；
(3) 机械操作装置应无锈蚀；
(4) 定位螺栓位置应正确。

191. 例行检查时的安全注意事项有哪些？

答：(1) 断开与变压器相关的各类电源并确认无压；
(2) 接取低压电源时，防止触电伤人；
(3) 应注意与带电设备保持足够的安全距离；
(4) 高空作业应按规程使用安全带，安全带应挂在牢固的构件上，禁止低挂高用；
(5) 严禁上下抛掷物品。

192. 手车式断路器更换时的安全注意事项有哪些？

答：(1) 断开与断路器相关的各类电源并确认无电压；
(2) 工作前，操动机构应充分释放所储能量；
(3) 拆除、搬运时，应有防脱落措施，避免机械伤害；
(4) 手车式开关隔离挡板保持封闭，并设置明显的警示标志。

193. 在绝缘子的巡视中应注意哪些问题？

答：(1) 支柱绝缘子表面清洁、无损伤，垂直度符合厂家要求；

（2）支柱绝缘子基础无倾斜下沉；
（3）斜拉绝缘子外观无破损、老化变形、脱落；
（4）斜拉绝缘子拉力适中，无明显松动；
（5）均压环安装牢固、平整；
（6）绝缘子各连接部位无松动，金具和螺栓无锈蚀；
（7）防污闪涂料是否脱落是否超期。

194. 电力电缆检修中，35kV 及以下附件巡视要点有哪些？

答：（1）电缆附件无变形、开裂或渗漏，防水密封良好；
（2）电缆接头保护盒无变形或损伤；
（3）金属部件无明显锈蚀或破损；
（4）接地线无断裂，紧固螺丝无锈蚀，接地可靠；
（5）电缆附件上相色标志清晰、无脱落；
（6）无放电痕迹，无异常声响或气味；
（7）电缆终端温度应符合相关要求，无异常发热现象。

195. 站用直流电源系统中，直流系统绝缘监测装置巡视的要点有哪些？

答：（1）直流系统正对地和负对地的（电阻值和电压值）绝缘状况良好，无接地报警；
（2）装有微机型绝缘监测装置的直流电源系统，应能监测和显示其各支路的绝缘状态；
（3）直流系统绝缘监测装置应具备“交流窜入”以及“直流互窜”的测记、选线及告警功能；
（4）220V 直流系统两极对地电压绝对值差不超过 40V 或绝缘未降低到 25kΩ 以下，110V 直流系统两极对地电压绝对值差不超过 20V 或绝缘未降低到 15kΩ 以下。

196. 站用直流电源系统中，直流系统微机监控装置巡视的要求有哪些？

答：（1）三相交流输入、直流输出、蓄电池以及直流母线电压正常；
（2）蓄电池组电压、充电模块输出电压和浮充电的电流正常；
（3）微机监控装置运行状态以及各种参数正常。

197.《国家电网公司变电运维检修管理办法（试行）》规定的高频局放检测待测设备要求有哪些？

答：设备处于带电状态；待测设备上无其他作业；待测设备接地引线（或被检电缆本体）上无其他耦合回路。

198. 变压器铁芯接地电流检测仪具备什么功能？

答：电流采集；电流处理；电流波形分析；电流超限告警。

199. 红外数据的判断方法有哪些？

答：(1) 表面温度判断法；
(2) 同类比较判断法；
(3) 图像特征判断法；
(4) 相对温差判断法；
(5) 档案分析判断法；
(6) 实时分析判断法。

200. 绝缘体表面电晕放电有哪些情况？

答：(1) 在潮湿情况下，绝缘子表面破损或裂纹；
(2) 在潮湿情况下，绝缘子表面污秽；
(3) 绝缘子表面不均匀覆冰；
(4) 绝缘子表面金属异物短接及其他情况。

201. 接地引下线导通测试对测试设备有什么要求？

答：(1) 测试宜选用专用仪器，仪器的分辨率不大于 1mΩ；
(2) 仪器的准确度不低于 1.0 级；
(3) 测试电流不小于 5A。

202. 接地引下线导通测试如何选择测试参考点？

答：测试接地引下线导通首先选定一个与主地网连接良好的设备的接地引下线为参考点，再测试周围电气设备接地部分与参考点之间的直流电阻。如果开始即有很多设备测试结果不良，宜考虑更换参考点。

203. 接地阻抗测试中测试回路该如何布置？

答：(1) 测试接地装置接地阻抗的电流极应布置得尽量远，通常电流极与被试接地装置边缘的距离应为被试接地装置最大对角线长度 D 的 4~5 倍；对超大型的接地装置的测试，可利用架空线路做电流线和电位测试线；当远距离放线有困难时，在土壤电阻率均匀地区，建议使用夹角法进行测量，测量时可取 $2D$，在土壤电阻率不均匀地区可取 $3D$；

(2) 测试回路应尽量避开河流、湖泊；尽量远离地下金属管路和运行中的输电线路，避免与之长段并行，与之交叉时垂直跨越；

（3）无论哪种测试方法，都要求电流线和电位线之间保持尽量远的距离，以尽量减小电流线与电位线之间互感的影响。

204. 土壤电阻率测试时电极附近有地下金属管道时该如何处理？

答：尽量减小地下金属管道的影响，在靠近居民区或工矿区，地下可能有水管等具有一定金属部件的管道，应把电极布置在与管道垂直的方向上，并且要求最近的测试电极（电流极）与地下管道之间的距离不小于极间距离。

205. 变压器油中溶解气体检测的是何种气体？

答：测量对象为：H_2、O_2、CO、CO_2、CH_4、C_2H_4、C_2H_6、C_2H_2。

206. 进行绝缘油水分检测需要注意的安全事项有哪些？

答：（1）执行Q/GDW 1799.1—2013《国家电网公司电力安全工作规程　变电部分》相关要求；

（2）现场取样至少由2人进行；

（3）应在良好的天气下进行取样工作；

（4）按照化学药品安全使用规定进行操作，注意防火防毒；

（5）绝缘油水分测试及电解液更换均应在通风橱中进行；

（6）测试仪器确保良好接地。

207. 现场污秽度从非常轻到非常重分为哪几个等级？

答：现场污秽度从非常轻到非常重分为五个等级：a—非常轻；b—轻；c—中等；d—重；e—非常重。

208. 现场污秽度评估试验步骤都包括哪些？

答：（1）绝缘子污秽物收集；

（2）等值盐密的测量；

（3）灰密的测量。

209. 红外成像检漏对环境有什么具体要求？

答：（1）室外检测宜在晴朗天气下进行；

（2）环境温度不宜低于+5℃；

（3）相对湿度不宜大于80%；

（4）检测时风速一般不大于5m/s。

运 维 一 体 化

1. 例行巡视内容有哪些？

答：巡视全站设备及设施、监控系统、二次装置及辅助设施、消防安防系统、变电站运行环境、全站缺陷及隐患及安全工器具。

2. 全面巡视内容有哪些？

答：巡视全站一次设备及设施、站内箱体和屏柜、监控系统、二次装置及辅助设施、消防安防系统、防小动物措施、防误闭锁装置、变电站运行环境、全站缺陷及隐患及安全工器具。

3. 熄灯巡视内容有哪些？

答：全站一次设备本体及接头。

4. 什么情况下需要进行特殊巡视？

答：在以下情况时需要进行特殊巡视：大风、雷雨、冰雪、冰雹、雾霾天气；新设备投入运行后；设备经过检修、改造或长期停运后重新投入系统运行后；设备缺陷有发展时；设备发生过负荷或负荷剧增、超温、发热、系统冲击、跳闸等异常情况；法定节假日、上级通知有重要保供电任务时；电网供电可靠性下降或存在发生较大电网事故（事件）风险时段。

5. 大风、雷雨、冰雪、冰雹、雾霾后特殊巡视内容有哪些？

答：巡视全站设备、端子箱、汇控柜等箱体及保护小室。

6. 室内和室外高压带电显示装置日常维护项目有哪些？

答：（1）检查外观应无锈蚀，密封良好、连接紧固；

（2）检查显示器指示灯是否正常，发现异常应立即汇报，并做好记录；

(3) 检查显示器显示状态是否与设备实际状态一致（通过避雷器泄漏电流指示、后台、测控等核对），若有显示值，须定期核对显示器显示数值与后台是否一致；

(4) 带电显示装置应定期清扫，清扫过程中与带电部位保持足够安全距离；

(5) 带有内置电源的带电显示装置应定期检查其试验元件，以确定电池的状态；

(6) 带有联锁信号的带电显示装置应定期检查其试验单元，校验闭锁逻辑；

(7) 巡视和维护高压带电显示装置时，不得扳动灵敏度旋钮和其他按钮。倒闸操作过程中，当高压带电显示装置显示有电时，禁止合接地刀闸（或挂接地线）。

7. 水泥电杆如何防锈防腐？

答：(1) 当水泥电杆有裂纹时，应先将有裂纹的水泥电杆加固，配方：水泥、加固料、水；

(2) 用泥子铲将料塞到裂纹里抹平，稍干后用刷子对整根水泥电杆进行第一遍涂刷，第一遍所用料为：加固料、水泥；

(3) 第一遍干后，进行第二遍涂刷，所用料为封闭料。

8. 金属构架如何防锈防腐？

答：(1) 先除锈，用钢丝刷、纱布等对金属表面除锈，然后用棉纱擦拭干净；

(2) 上防锈底漆，将冷镀锌底漆、固化剂按比例调好，用刷子进一步进行涂刷；

(3) 上冷镀锌面漆，第一遍干后，进行第二遍涂刷，所用料为冷镀锌面漆。

9. 主变压器、站用变压器、断路器等设备如何防锈防腐？

答：(1) 将设备的绝缘套管、油标管、温度计、铭牌等用塑料薄膜、透明胶带加以包裹；

(2) 利用纱布、钢丝刷、角向磨光机对金属表面除锈（去油污），然后用棉纱擦净；

(3) 喷涂应不影响设备散热，材料应为冷镀锌面漆。

10. 如何对电流互感器进行带电防腐处理？

答：(1) 用砂轮机、钢刷、砂纸等工具去掉表面油漆锈块，处理部位应露出金属色泽；涂漆部位的油污应用稀释剂稀释，擦净、晾干。

(2) 被涂表面无锈蚀、无油垢、无水渍、无灰尘，除锈完成后需在12h内刷底漆；如有铭牌地方，应先用报纸把铭牌粘贴再行处理。

(3) 油漆配置后须在12h内刷完。刷漆时要少沾多抹，且涂刷方向要一致，接槎整齐，待第一遍干燥后，再刷第二遍，第二遍涂刷方向与第一遍涂刷方向垂直，以保证漆膜厚度均匀一致。

（4）工序安排：办理工作票→人身及设备安全防护（熟悉线路、工具检查）准备→涂料准备→作业对象表面处理（除锈机铲除旧漆膜）→涂底漆→涂第二道漆→自检→竣工验收→终结工作票。

（5）油漆味易燃、易爆和有毒材料，保管应在专用仓库，设专人管理。

（6）油漆的现场存放以一次使用量为限，做到使用多少，配制多少，并存放在密封的容器内，避免日光暴晒，并应与热源、火种和施工现场隔离。

（7）与带电设备保持足够安全距离。

（8）移动架梯时要平放两人抬着。

11. 设备红外检测环境的要求有哪些？

答：（1）被检设备是带电运行设备，在保证人身和设备安全的前提下，应打开遮挡红外辐射的遮挡物如玻璃窗、门或盖板。

（2）环境温度一般不宜低于5℃、空气湿度一般不大于85%。不应在有雷、雨、雾、雪的情况下进行检测，风速一般不大于0.5m/s，如果检测中风速发生明显度化，应记录风速，必要时按照相应公式进行测量数据的修正。

（3）室外检测应在日出之前，日落之后或阴天进行。红外检测时应闭灯进行，被测设备应避免灯光直射或反射。

（4）检测电流致热的设备，宜在设备负荷高峰状态下进行，一般不低于额定负荷的30%。

12. 一次设备红外检测重点部位有哪些？

答：（1）变压器和电抗器：箱体涡流损耗发热、变压器内部、冷却装置及油路系统、高压套管、铁芯；

（2）高压断路器：外部连接件、内部连接件；

（3）电压互感器：储油柜、瓷套、中上部及顶部铁壳；

（4）电流互感器：外壳、连接件、储油柜；

（5）避雷器：瓷套、外部连接件；

（6）电力电缆：出线接头、电缆头出线套管、电缆本体；

（7）绝缘子：瓷绝缘子串、合成绝缘子、支持绝缘子；

（8）电力电容器：内部连接件、外部连接件；

（9）干式电抗器：内部连接件、外部连接件。

13. 二次设备红外检测的重点部位有哪些？这些部位的常见故障类型有哪些？

答：（1）TA回路。

1）端子箱TA接线端子、保护屏TA接线端子。常见故障类型：试验端子、接线端子松动、锈蚀造成接触不良，引起发热。

2）测控屏TA接线端子、录波屏TA接线端子、计量屏TA接线端子。常见故障类型：接线端子松动、锈蚀造成接触不良，引起发热。

（2）直流空气开关。直流屏、保护屏、控制屏等直流空气开关。常见故障类型：松动造成接触不良，引起发热。

（3）熔断器。各直流屏、保护屏、控制屏熔断器。常见故障类型：接触不良发热。

（4）交直流回路、蓄电池（含通信直流系统）。

1）直流母线接线端子。常见故障类型：发热。

2）蓄电池内部及接线端子、熔断器。常见故障类型：缺电解液、内部接线端子发热，蓄电池之间接线板氧化或接触不良发热。

3）交流屏、直流屏、直流分屏的空气开关、熔断器、降压硅链等。常见故障类型：接触不良发热。

4）主变压器强油风冷交流回路接头。

常见故障类型：接触不良发热。

（5）TV回路。全站各电压等级TV共用的接地点、空气开关或熔断器。常见故障类型：接地导线线径小或接触不良引起发热。

（6）二次回路及设备。

1）端子排接线端子。常见故障类型：接触不良（重点是直流操作回路）。

2）保护装置本体部分：机箱端子、保护装置的各个插件。常见故障类型：接触不良（着重检测电源插件和交流插件）。

（7）其他二次回路。

1）断路器机构储能回路。常见故障类型：空气开关，接线端子松动发热。

2）断路器汇控柜二次回路。常见故障类型：中间继电器（常励磁）触点发热。

14. 简述二次设备红外检测现场操作方法。

答：（1）红外热像仪在开机后，需进行内部温度校准，在图像稳定后方可开始。

（2）红外检测一般先用红外热像仪对所有应测试部位进行全面扫描，发现热像异常部位，然后对异常部位和重点被检测设备进行重点测温。

（3）被检测二次设备的辐射率一般可取0.7~0.9。

（4）在安全距离保证的条件下，红外仪器宜尽量使被检设备充满整个视场。

（5）精确测量跟踪应事先设定几个不同的角度，确定可进行检测的最佳位置，并作上标记，使以后的复测仍在该位置，有互比性，提高作业效率。

（6）根据被检测设备的特点记录其相关参数，如实际负荷电流、电压及被检测设备温度及环境参照体的温度值。

15. 怎么进行开关柜暂态对地电压法检测和超声波检测？

答：暂态对地电压法检测部位主要是母排（连接处、穿墙套管、支撑绝缘件等）、断路器、TA、TV、电缆等设备所对应到开关柜柜壁的位置，这些设备大部分位于开关柜前面板中部及下部，后面板上部、中部及下部、侧面板的上部、中部及下部。

超声波检测过程中，应将超声波传感器沿着开关柜上的缝隙扫描检测。

暂态对地电压法检测和超声波检测结果对干扰源比较敏感，现场可以：①关闭干扰源，如一些室内的排风扇、日光灯等；②采用不同的时间进行测试；③避开无线电及其他电子装置的干扰信号；④通过便携式局部放电定位仪确定信号的传播方向来确定与被测设备相距较远的放电干扰源等方法实现。

暂态对地电压和超声波检测数据的主要判断方法主要有四种，具体包括定值判别、横向分析、纵向分析、声音判别。其中暂态对地电压检测判断主要是结合定值判别、横向分析、纵向分析三种方法进行，超声波检测判断主要是结合声音判别、定值判别、纵向分析进行。

16. 端子箱、冷控箱、机构箱体、汇控柜体一般都有哪些缺陷，如何处理？

答：一般缺陷有变形、密封不良、受潮等，箱、柜门密封圈由于设计、老化等因素的影响，时间一长容易产生开关机构和端子箱箱门密封不严，阴雨、回潮天气雨水会沿着边沿进入箱内，造成机构箱、端子箱锈蚀，严重的会引起箱内端子排生锈，产生短路或跳闸；另外，开关机构箱门、端子箱门密封不严，产生了夹缝，尘污、小动物（如马蜂）容易顺着夹缝进入箱体内。通常我们对此类设备故障都是采取更换门锁或加固门锁的方式进行消缺。

17. 如何在端子箱、冷控箱、机构箱、汇控柜内进行驱潮加热、防潮防凝露模块和回路维护消缺？

答：作业流程：（1）巡视发现隔离开关端子箱、机构箱内存在凝露积水现象，开展隔离开关端子箱、机构箱凝露排查工作。

（2）确认是加热板故障、驱潮加热、防潮防凝露模块故障还是装置回路故障。

1）感：用手背靠近加热板，感受有无热度；

2）闻：隔离开关端子箱、机构箱内是否有烧焦、糊臭等异常气味；

3）看：隔离开关端子箱、机构箱内是否有烧焦、放电痕迹。

（3）若为加热板故障，需进行更换：

1）切断隔离开关端子箱、机构箱内加热器电源。

2）检查新加热板合格证、质检证齐备，外观无破损。

3）拆除故障加热板，拆除过程中注意防止误碰误触其他运行设备。

4）安装新加热板。

5）合上加热器电源开关，将隔离开关端子箱、机构箱内自动控制模块切至手动。

6）加热板更换结束后应观察装置运行是否正常，几个小时后，再次巡视端子箱、机构箱查看凝露积水现象是否消失。

（4）若为装置模块故障，需更换新的模块：

1）切断隔离开关端子箱、机构箱内驱潮加热装置电源，电源指示灯灭。

2）检查新模块合格证、质检证齐备，外观无破损。

3）拆除故障驱潮加热、防潮防凝露模块，拆除过程中注意防止误碰误触其他运行设备。

4）安装驱潮加热、防潮防凝露模块。

5）试验装置自动、手动功能切换正常。

6）合上隔离开关端子箱、机构箱内驱潮加热装置电源开关，电源指示灯亮。

7）驱潮加热、防潮防凝露模块更换结束后应观察装置运行是否正常，几个小时后，再次巡视端子箱、机构箱查看凝露积水现象是否消失。

（5）若为装置回路故障，需进行排查：

1）检查电源空气开关是否故障：上下端头用数字万用表检查电压正常，电源空气开关能否正常合上、拉开。

2）若为电源空气开关损坏，需更换新的空气开关。

3）选取新试验合格、电流限制范围内的空气开关。

4）切断连接至电源空气开关的电源。

5）拆除装置电源空气开关，注意不得误碰其他运行设备。

6）按相关技术要求安装电源空气开关。

7）连接至电源空气开关的电源，合上隔离开关端子箱、机构箱内驱潮加热装置电源开关，查看装置是否正常运转。

8）若为装置回路故障，使用数字万用表查勘装置回路。

9）排查回路是否存在短路、接线松动、失压等情况发生。

驱潮加热、防潮防凝露模块更换工作结束后，需对安装完毕的模块进行以下的检查：

（1）检查接线是否存在误接情况。

（2）检查接线端头是否紧固、接触良好。

（3）检查驱潮加热、防潮防凝露模块工作正常（现场观察确认模块正常工作）。

（4）用毛巾将箱内凝露擦拭干净，吸除积水，关上箱门，过 2h 后，打开箱门，检查装置运行正常，凝露是否依旧存在。

（5）清理作业现场，做好相关记录。

18. 端子箱、冷控箱、机构箱、汇控柜、二次及交直流屏柜内照明回路维护消缺需要哪些工具、材料，具体怎样维护？

答：工具有万用表、500V 绝缘电阻表、一字螺丝刀、十字螺丝刀、活动扳手等，材料有灯泡、布电线等。

（1）确认是灯泡故障还是照明回路故障。

1）闻：端子箱内是否有烧焦、糊臭等异常气味。

2）看：端子箱内是否有烧焦、放电痕迹；灯泡是否烧损变黑。

（2）若为灯泡故障，需更换新的灯泡：

1）切断端子箱内照明回路电源。

2）拆除灯泡，拆除过程中注意误碰其他设备，注意其跌落误砸其他设备。

3）合上照明回路电源开关，灯亮。

（3）若为照明回路故障，需进行排查：

1）检查电源空气开关是否故障：上下端头用数字万用表检查电压正常，电源空气开关能正常合上、断开。

2）选取新试验合格、电流限制范围内的空气开关。

3）若为电源空气开关损坏，需更换新的空气开关。

4）切断连接至电源空气开关的电源。

5）拆卸装置电源空气开关，注意误碰其他回路。

6）按相关技术要求安装装置电源空气开关。

7）连接至电源空气开关的电源，合上照明电源开关，查看装置是否正常运转。

8）若为装置回路故障，使用数字万用表查勘装置回路。

9）排查回路是否存在短路、接线松动、失压等情况发生。

19. 如何进行端子箱、冷控箱、机构箱、汇控柜、二次及交直流屏柜内二次电缆封堵修补？

答：（1）作业程序：检查封堵情况——盘、柜、端子箱、机构箱内孔洞封堵——保护管接线盒封堵。

（2）检查运行中保护屏及自动装置电缆连接处、端子箱、开关机构箱、刀闸机构箱电缆保护管端部孔洞封堵良好，如有封堵不严密处应用防火泥及时进行封堵。

（3）封堵前整理电缆排线，做到成排成块，并清除电缆表面灰尘、油污。

（4）封堵前应清除盘柜孔表面的杂物、油污、松散物等，使之具备与封堵材料紧密黏接的条件。

（5）工作完后清理工具，清扫工作现场，保持盘柜内部清洁、美观。撤出工作场所。

（6）防火板不能封隔到的盘柜底部孔隙处，以堵料封堵密实，堵料面应高出防火隔板10mm以上，并呈几何图形，面层平整。

（7）电缆束周边的环形间隙采用堵料紧密封堵，局部穿少量电缆小孔洞，可直接用堵料封堵。

（8）堵料与电缆、孔洞缝隙表面应黏结密实、牢固，表面应平整，尺寸大小合理、美观，呈几何图形，无漏光、漏风、无裂纹、坠落或脱落现象。

（9）防火封堵材料在硬化过程中不应受到扰动。

20. 如何更换空气开关、指示灯？

答：空气开关：（1）更换前应断开上级总电源；

（2）把要更换的空气开关断开；

（3）用螺丝刀先松开空开下面的二个螺钉，拉出输出线，再松开空开上面的二个螺钉，拉出输入线；

（4）按空气开关侧面的装卸示意图取下空气开关；

（5）再把新的空气开关按空气开关侧面的装卸示意图安装空气开关；

（6）安装上空气开关后，先把输出线插进空气开关的输入端，用螺丝刀上紧螺丝；

（7）先把输入线插进空气开关的输入端，用螺丝刀上紧螺丝；

（8）合上空气开关，再合上总电源。

指示灯：（1）用万用表测量指示灯两端存在压差，判断指示灯确已烧损；

（2）断开指示灯所在回路空开；

（3）拆开指示灯两端接线；

（4）用绝缘胶布将解开的裸露线头包好；

（5）拆除故障指示灯；

（6）更换同型号指示灯；

（7）将拆开的接线按正确方式接入指示灯；

（8）合上指示灯所在回路空开；

（9）检查指示灯工作正常。

21. 空气开关停电更换和不停电更换的流程有何区别？

答：（1）停电更换流程：研究控制回路—工器具、备件、绝缘垫准备—检查—停电—验电—做标记—逐根拆卸连接线并立即用绝缘胶布包扎固定—拆卸空气开关—安装空气开关备件—逐根拆除空开连接线绝缘胶布并对照标记连接—检查—送电—检查—现场清理。

（2）不停电更换流程：研究控制回路—工器具、备件、绝缘垫、绝缘胶布准备—检查做标记—将可能误碰误触的位置进行隔离或绝缘—逐根拆卸连接线并立即用绝缘胶布包扎固定—拆卸空气开关—安装空气开关备件—逐根拆除空开连接线绝缘胶布并对照标记连接—检查—送电—检查—现场清理。

22. 如何更换变压器（油浸式电抗器）冷却系统的热耦和接触器？

答：（1）断开电源空开；

（2）用万用表测量热耦和接触器两端无电压；

（3）拆开热耦或接触器所有接线；

（4）用绝缘胶布将拆开的裸露线头包好；

（5）取下损坏的热耦或接触器；

（6）安装热耦或接触器；

（7）将热耦或接触器的所有接线按正确方式接入；

（8）合上电源空开，用万用表测量热耦或接触器两端电位一致。

23. 如何对变压器（油浸式电抗器）吸湿器油封补油？

答：（1）准备适量的合格变压器油做油封杯补油用的备用油，酒精、抹布、螺丝刀；

（2）将运行中变压器的本体（调压）重瓦斯保护改投信号，防止吸湿器因堵塞导致本体内部压力增大，打开呼吸管道时压力释放引起重瓦斯保护动作；

（3）用螺丝刀松开止位螺丝直至油封杯能转动为止，转动油封杯上部托盘并取下油封杯；

（4）观察油封杯内的油是否清澈、有异物，若变质，将其倒出并用酒精及抹布对油封杯、挡气圈（油封内杯）进行清抹；

（5）若油封杯内的油清澈无异物，将备用油注入油封杯内，油位达到合格油位线即可；

（6）按照油封杯拆卸的方法反序进行，将油封杯托盘对准安装孔插入并转动托盘至限位位置，用螺丝刀拧紧螺丝即可；

（7）油封杯内油位应高于挡气圈底部，起到油封的作用，若油位低于挡气圈则重复补油过程。

24. 如何更换变压器（油浸式电抗器）硅胶？

答：（1）简易更换流程：工作准备—变压器运行情况检查—重瓦斯跳闸改接信号—外观检查—拆卸吸湿器—安装备用同型号吸湿器（更换链接法兰处的密封胶垫）—油封加油至合适位置后安装—安装后检查—24h 后重瓦斯信号改接跳闸。

（2）完整更换流程：工作准备—变压器运行情况检查—重瓦斯跳闸改接信号—外观检查—拆卸吸湿器—封堵联接法兰—吸湿器解体检查清洗—更换合格硅胶至 5/6 位置—吸湿

器装配—检查—拆除联接法兰处封堵—安装吸湿器（更换链接法兰处的密封胶垫）—油封加油至合适位置后安装—安装后检查—24h后重瓦斯信号改接跳闸。

（3）新型吸湿器硅胶更换流程：工作准备—变压器运行情况检查—重瓦斯跳闸改接信号—外观检查—将装料袋放置合适位置—打开进料口螺盖—打开出料口螺盖放出所有硅胶—清理检查—装好出料口螺盖—从进料口装入合格的硅胶至5/6位置吸湿器—装好进料口螺盖—油封加油至合适位置—安装后检查—24h后重瓦斯信号改接跳闸。注意操作中的力度把握，防止磕碰。

（4）注意事项：

1）更换硅胶应在天气良好，空气湿度适度时进行。并注意保持与带电部分的安全距离。拆掉呼吸器后应立即将呼吸管头用干净塑料纸包扎，严防潮气进入。

2）更换时应将油杯内的绝缘油更换，并加入足量合格的新油，以保证绝缘油能够有效的进行滤尘。

3）油杯内绝缘油高度应高于油管最下端，方可起到密封除尘作用。油杯绝缘油不得超过油标指示的最高刻度，否则会造成呼吸孔塞堵塞，呼吸器无法正常呼气。

4）更换硅胶可能会造成瓦斯误动作，因此更换硅胶时应退出主变本体（调压）重瓦斯保护。具体要求请参照现场运行维护规程。

25. 如何更换变压器（油浸式电抗器）吸湿器玻璃罩、油封破损？

答：（1）准备相同型号的吸湿器玻璃罩、油封一个；

（2）将运行中变压器的本体（调压）重瓦斯保护改投信号，防止吸湿器因堵塞导致本体内部压力增大，打开呼吸管道时压力释放引起重瓦斯保护动作；

（3）拆卸吸湿器，先取下油封杯，拆卸上部连接螺栓取下吸湿器后将呼吸管头用干净塑料纸包扎，倒出内部变色硅胶；

（4）检查吸湿器玻璃罩及油封是否破损，如有破损则进行解体检修；

（5）解体检修时先松开拉杆螺栓，取下玻璃罩及密封圈进行清扫和更换，将更换的玻璃罩组装后应紧固拉杆螺栓并密封可靠；

（6）将干燥的变色硅胶倒入玻璃罩内，直至顶盖下面留出1/6~1/5高度的空隙为止；

（7）将吸湿器安装至主变压器，连接部位密封胶垫应摆放正确，密封良好，吸湿器上部法兰四颗固定螺栓应紧固；

（8）对更换的油封杯进行清洗、补充或更换合格的密封油，油位填充至油位线，油封杯安装后应保证油位高于挡气圈；

（9）检查吸湿器各连接螺栓及密封圈，要求连接螺栓紧固、密封圈密封可靠。

26. 变压器（油浸式电抗器）吸湿器整体更换如何进行？

答：（1）准备工作，准备完好的新吸湿器一个；

（2）将运行中变压器的本体（调压）重瓦斯保护改投信号，防止吸湿器因堵塞导致本体内部压力增大，打开呼吸管道时压力释放引起重瓦斯保护动作；

（3）拆卸吸湿器，先取下油封杯，拆卸上部连接螺栓取下吸湿器后将呼吸管头用干净塑料纸包扎；

（4）检查新吸湿器完好，密封可靠，适当紧固新吸湿器各紧固螺栓，并取下新吸湿器油封杯；

（5）将干燥的变色硅胶倒入新吸湿器内，直至顶盖下面留出1/6～1/5高度的空隙为止；

（6）将新吸湿器安装至主变压器，连接部位密封胶垫应摆放正确，密封良好，吸湿器上部法兰四颗固定螺栓应紧固；

（7）对油封杯补充合格的密封油，油位填充至油位线，油封杯安装后应保证油位高于挡气圈；

（8）检查吸湿器各连接螺栓及密封圈，要求连接螺栓紧固、密封圈密封可靠。

27. 如何进行变压器（油浸式电抗器）事故油池通畅检查？

答：（1）查看图纸油盆排油管道的位置（一般正常情况排油管道在靠近事故油池的一侧）。

（2）将排油管道上方的鹅卵石慢慢捡开露出排油管道排油孔。

（3）清理排油管道口堵塞物确保排油管道畅通。

（4）利用工具开启事故油池顶盖观察事故油池出油口和排水口畅通。

（5）检查油池排气孔是否堵塞。

（6）将水倒入油盆中事故油池排油入口，观察水流情况，确保水迅速流入排油管道。

（7）检查事故油池排油管道出口处有水流出，事故油池溢出的水正常从污水排放装置排除。

（8）检查完毕确认排油管道畅通后恢复事故油池盖板，确认盖板恢复后密封良好。

（9）仔细恢复事故油池排油管道入口处鹅卵石，确认鹅卵石均匀覆盖事故油池入口。

28. 如何进行变压器（油浸式电抗器）噪声检测？

答：测量前后应用声校准器校准测量仪器的示值偏差不大于2dB。

测量应在无雨、无雪的天气条件下进行，风速达到5.5m/s（即风力大于3级）以上时停止测量。

在测量变压器噪声前，要先划定测量点，测量点是在距变压器基准发射面一定距离的水平线上布置的。视测量情况的不同布置测量点。干式变压器的测量轮廓线出于安全原因，应距离变压器发射表面1m。测量点不得少于8个，相邻两点间的距离应近似相等，且不大于 1m。

在被试变压器及附属装置不发声时进行背景噪声测量。在对变压器进行声级测量的前后应及时测量背景噪声的 A 计权声压级。

当总的测量点数>10 时，在变压器周围选择均匀分布的 10 个测量点上测量背景噪声级。当总的测量点数<10 时，在每个测量点上测量背景噪声级。

测量背景噪声时，测量点的高度应与测量变压器声级时的高度一致，测量点的位置在规定的轮廓线上。

对于不带风冷却器的变压器测量变压器声级。

对于带风冷却器而风冷却器安装距变压器基本发射表面大于 3m 的变压器要分别测量变压器声级和冷却器声级。

对于风冷却器安装在变压器油箱上或风冷却器安装距变压器基本发射表面小于 3m 的变压器要进行如下两次声级测量：

(1) 变压器励磁，风冷却器和潜油泵退出运行时，测量变压器本体声级。

(2) 变压器励磁，风冷却器和潜油泵投入运行时，测量变压器声级。

在各测量点测量— 计权噪声级，传声器正对基本发射面。人体尽量向后，避免人体对噪声反射的影响。

在风冷却器运行时测量，应在传声器上安装防风罩。

29. 如何进行变压器（油浸式电抗器）不停电的瓦斯继电器集气盒放气？

答：不停电的瓦斯继电器集气盒放气工作需注意以下事项：

(1) 作业时需选择天气较好时进行，空气湿度不得大于 80%。

(2) 放气前，向调度申请退出重瓦斯保护。

(3) 检查针筒是否完好并用站内所存变压器油润滑针筒，试着拉、压活塞内芯。

(4) 采气时，应选用合适的软管和干燥、密封良好的针筒。

(5) 采气结束后应观察集气盒内是否充满油，各接头无渗漏油现象。

不停电的气体继电器集气盒放气作业流程：

(1) 向调度申请退出变压器重瓦斯保护。

(2) 退出变压器重瓦斯保护。

(3) 拧下排油开关处盖帽，检查进给开关是否处于打开状态。

(4) 打开排油开关，将油流放至恰当的容器内。

(5) 当在玻璃视窗内见到油液面时，立即关闭排油开关。

(6) 重新拧上排油开关处的盖帽。

(7) 拧下排气开关处的盖帽。

(8) 在排气开关处旋接上气体检测仪/气体取样筒等仪器。

（9）打开排气开关，依照仪器生产厂家相应的说明，进行气体检测/气体取样。

（10）气体检测/气体取样之后，关闭排气开关，旋卸下相应的仪器。

（11）打开排气开关，排放出气体取样气内残留的继电器气体。当设备灌充满油并且有油从排气开关溢出时，立即关闭此开关。

（12）拧紧排气开关处盖帽，拧紧盖帽这一工作对设备功能来说是绝对必要的。

（13）向调度申请投入变压器重瓦斯保护。

不停电的瓦斯继电器集气盒放气工作结束后，需对安装完毕的集气盒进行以下的检查：

（1）检查集气盒内是否充满油。

（2）检查各阀门是否恢复到初始状态。

（3）检查集气盒外观及各接头有无渗漏油现象。

（4）检查瓦斯继电器小窗应充满油，无气泡产生。

（5）用干净抹布将集气盒擦拭干净。

30. 变压器铁芯、夹件接地电流测试的注意事项有哪些？

答：（1）在使用钳形电流表前应仔细阅读说明书，学习掌握钳形电流表使用方法。

（2）注意进行变压器外观检查，重点注意噪声、油位和油温。

（3）注意检查钳形电流表是否正常。正确选择钳型电流表的电压等级，检查其外观绝缘是否良好，有无破损，指针是否摆动灵活，钳口有无锈蚀等。

（4）合理选择的量程。正常情况下铁芯接地电流应在100mA以下，测量值与初值应基本一致。应先用最大量程档测量，然后适当换小些，以准确读数。不能使用小电流档去测量大电流，以防损坏仪表。大电流档去测量小电流，误差会较大。

（5）钳形表的朝向不同，测量位置不同，测量数据有可能也不同。因此应变换钳形表的朝向，直到找出最真实的电流数值。

（6）钳型表钳口在测量时闭合要紧密，闭合后如有杂音，可打开钳口重合一次，若杂音仍不能消除时，应检查磁路上各接合面是否光洁，有尘污时要擦拭干净。

（7）电磁干扰较大时，应先将钳形表进行空测以便于减少测量误差。

31. 简述更换电压互感器高压保险的步骤。

答：（1）首先要将该互感器二次侧所带的保护、自动测量控制调节装置、表计等可靠停运；

（2）取下电压互感器二次侧回路熔丝，防止反送电源；

（3）拉开电压互感器隔离开关；

（4）采取相应的安全技术措施，如验电、装设临时接地线、悬挂标志牌；

（5）应检测新的电压互感器保险符合要求。

(6) 更换步骤：

1) 操作人应戴绝缘手套，使用绝缘夹钳；

2) 在有人监护的情况下，操作人取下已熔断的保险（熔断指示器弹出者）；

3) 换上合格的新的专用电压互感器熔丝。

(7) 更换完毕后，投入使用前，应检查电压互感器引线、瓷套管应完好，并按以下各项进行：

1) 填写恢复送电倒闸操作票；

2) 拆除临时接地线，取下标志牌，锁好柜门；

3) 推上电压互感器隔离开关；

4) 恢复电压互感器二次侧回路熔丝管；

5) 检查电压表指示正常坚持设备能够正常工作。

(8) 投入二次侧保护、自动控制及调节装置、表计等。

32. 简述电压互感器二次快分开关和保险管更换的主要步骤。

答：(1) 向调度汇报。

(2) 用电压表切换开关切换相电压或线电压，以区别哪相熔丝熔断。

(3) 停用该母线上的误动跳闸压板，如距离、低周等。

(4) 检查有无继电保护人员在电压互感器二次回路工作，误碰引起断路或短路现象。

(5) 规范摆放工器具及材料。

(6) 断开上一级和本回路空开，用万用表测量空气开关两端确无电压。

(7) 松开二次线。

(8) 用绝缘自粘带包好。

(9) 取下空气开关。

(10) 换上合格空气开关，空气开关与原来空气开关一样。

(11) 恢复二次线。

(12) 合上空开，用万用表测量空开下端有电压。

(13) 取下二次保险管。

(14) 用万用表测量新的二次保险管，新的二次保险管外观合格、用万用表测量二次保险管阻值合格。

(15) 装上合格二次保险管。

(16) 用万用表测量新的二次保险管，测量保险管下端应有电压。

(17) 向调度汇报工作结束。

(18) 投入该母线上的误动跳闸压板，如距离、低周等。

33. 如何处理二次、交直流屏柜体一般缺陷？

答：（1）人员到达现场后，首先检查有缺陷的部位（门柜、门柜玻璃、门柜门锁等）缺陷的严重程度，并与完好的二次屏柜相对比，确定维修方案。

（2）维修应在保证不误碰或误动带电设备的情况下，安装前核对备品尺寸、型号、锁具、钥匙符合安装条件。拆除缺陷部位，（如更换柜门应先拆除屏柜门与屏柜之间的接地联络线），妥善放置，将即将更换的新部件按照二次设备屏备品备件的安装要求进行更换。

（3）安装完毕后，检查维修或更换的备品备件确实无缺陷，并与完好二次屏柜相对比，确认无误后，工作结束。

34. 如何进行二次、交直流屏柜及装置、在线监测系统终端设备外观清扫、检查？

答：在对屏柜及装置外观的检查中，应检查装置双重编号牌是否清晰并固定牢靠；前、后柜门开、关灵活；柜体干净；各类标签正确；空开状态正确；装置液晶及指示灯显示正常；屏后电缆整齐、封堵及吊牌完好；无发热、异味及异响；照明正常。

在对装置屏柜外观的清扫中时，禁止用水和湿布直接擦洗各接线端子，在整个作业过程中，应保持清扫工具干燥，金属部分应包好绝缘胶带，避免引起触电或短路。在清扫过程中，小心谨慎，不许振动装置，更不许打开各控制装置、绝缘监测装置等的外罩进行清扫。清扫人员应穿长袖工作服，戴线手套。若设备较高时，必须站在紧固的凳子或绝缘梯上，防止跌倒。

检查并使用合格的工器具。

开启前门，检查屏前装置无异常告警，各空开、切换开关位置正确，对屏前进行清扫。

开启后门，检查各装置、保险、接线无异常，无异味，对屏后装置和接线进行清扫，最后用吸尘器对地面进行清洁。

检查装置外观无异常，并用抹布和刷子进行清洁。

35. 如何进行保护差流检查？

答：打开保护屏柜门通过保护液晶显示面板检查保护差流，检查结果与该线路另一套保护对比，以确定是否正常。保护差流检查时注意只能进入浏览菜单模式，不得进入其他菜单防止引起保护装置误动作。若遇检查结果异常，应做好记录，并与后台机信号进行核对，以确认信息的正确性和准确性。

主变压器和母差设备差电流按不超过±0. 1A 为限。

36. 如何进行保护通道检查？

答：（1）高频通道测试。

1）按下通道检测按钮（不是通道试验按钮），本侧发讯后启动对侧发讯，进入第一个5s为对侧单独发讯，本侧收讯，此时正常灯、收信灯、启信灯、收信启动灯亮。表头显示为本侧收讯电压值（要求在第一个5s内完成测量，收讯值为10%~20%或更多）。+3db~+18db灯亮视其裕度多少，应有几个亮。

2）进入第二个5s后为两侧同时发讯，表头指针应摆动，读数为两侧功放输出之发讯电压值。+3db~+18db灯亮视其裕度多少，亮的个数应比前5s多。

3）第三个5s为本侧单独发讯，表头指示平稳，读数约为80%左右，读数为本侧功放输出之发讯电压值。

（2）光纤通道检查：检查综自后台信息及缺陷记录，统计一个巡检周期内该装置的通道告警次数。

37. 如何进行保护装置光纤自环检查？

答：（1）向调控中心申请停运待测试保护装置，向自动化申请封锁相应间隔信号；

（2）检查尾纤是否松动：检查保护装置尾纤是否紧固，接口是否卡合；

（3）退出保护功能：向调控中心申请退出保护功能和出口压板后才能修改定值；

（4）修改保护装置通道识别码，将本侧和对侧识别码设置为同一编码，记录修改的定值项，部分保护装置需要同时修改通道自环试验控制字为1；

（5）将保护背板光纤拔下，记录光口位置，给光纤接头加防护套，插入自环尾纤；

（6）检查保护装置光纤通道异常指示灯是否熄灭；

（7）进入菜单检查通道状态：检查误码率、通道延时等数据均正确；

（8）检查通道自环试验正确后，恢复定值和尾纤；

（9）检查光纤是否存在误接现象、光纤接线端头是否紧固、保护装置是否正常。

38. 故障录波器死机处置或故障后重启如何操作？

答：（1）检查并使用合格工器具。

（2）拉开装置背面所有的直流、交流电源空气开关，确认故障录波装置退出运行。

（3）将装置背面所有的电源空开合上，进入正常运行状态，录波装置的运行灯应闪烁，故障和录波指示灯应熄灭。

（4）若无法重启则用万用表测量装置供电回路电压是否正常，并通知检修人员。

（5）检查故障录波装置交流量或开关量录波时，若出现异常，可以用钳形电流表测试交流电流回路电流值，或用万用表测量交流电压回路电压值。

（6）故障录波装置重启后，需对整个装置进行以下的检查：

1）在实时波形监视页面，监视接入的所有模拟量信号，查看各通道的测量值、波形是否与实际信号一致。

2）启动装置的手动录波，测试是否可以正常录波。

3）手动录波时，检查录波指示灯是否常亮；故障指示灯一直处在熄灭状态。

39. 保护子站死机处置或故障后重启如何操作？

答：（1）检查并使用合格工器具；

（2）拉开装置背面所有的电源空开，确认继电保护及自动装置保护子站退出运行；

（3）将装置背面所有的电源空开合上，进入正常运行状态，检查装置运行状况；

（4）若无法重启则用万用表测量装置供电回路电压是否正常，并通知检修人员；

（5）装置重启后，检查运行灯是否正常，交换机有无报警。

40. 继电保护及自动装置打印机维护和缺陷处理如何进行？

答：（1）打印机输出空白纸：对于针式打印机，引起打印纸空白的原因大多是由于色带油墨干涸、色带拉断、打印头损坏等，应及时更换色带或维修打印头。

（2）打印纸输出变黑：对于针式打印机，引起该故障的原因是色带脱毛、色带上油墨过多、打印头脏污、色带质量差和推杆位置调得太近等，检修时应首先调节推杆位置，如故障不能排除，再更换色带，清洗打印头，一般即可排除故障。

（3）打印字符不全或字符不清晰：对于针式打印机，可能有以下几方面原因：打印色带使用时间过长；打印头长时间没有清洗，脏物太多；打印头有断针；打印头驱动电路有故障。解决方法是先调节一下打印头与打印辊间的间距，故障不能排除，可以换新色带，如果还不行，就需要清洗打印头了。方法是：卸掉打印头上的两个固定螺钉，拿下打印头，用针或小钩清除打印头前、后夹杂的脏污，一般都是长时间积累的色带纤维等，再在打印头的后部看得见针的地方滴几滴仪表油，以清除一些脏污，不装色带空打几张纸，再装上色带，这样问题基本就可以解决，如果是打印头断针或是驱动电路问题，就只能更换打印针或驱动管了。

（4）打印字迹偏淡：对于针式打印机，引起该类故障的原因大多是色带油墨干涸、打印头断针、推杆位置调得过远，可以用更换色带和调节推杆的方法来解决。

（5）打印时字迹一边清晰而另一边不清晰：此现象主要是打印头导轨与打印辊不平行，导致两者距离有远有近所致。解决方法是可以调节打印头导轨与打印辊的间距，使其平行。具体做法是：分别拧松打印头导轨两边的调节片，逆时针转动调节片减小间隙，最后把打印头导轨与打印辊调节到平行就可解决问题。不过要注意调节时调对方向，可以逐渐调节，多打印几次。

（6）打印纸上重复出现污迹：针式打印机重复出现脏污的故障大多是由于色带脱毛或油墨过多引起的，更换色带盒即可排除。

（7）打印头移动受阻，停下长鸣或在原处震动：这主要是由于打印头导轨长时间滑动会变得干涩，打印头移动时就会受阻，到一定程度就会使打印停止，如不及时处理，严重时可以烧坏驱动电路。解决方法是在打印导轨上涂几滴仪表油，来回移动打印头，使其均匀分布。重新开机后，如果还有受阻现象，则有可能是驱动电路烧坏了。

（8）打印出现乱字符：出现打印乱码现象，大多是由于打印接口电路损坏或主控单片机损坏所致，需要拿到售后维修。

41. 如何进行监控装置自动化信息核对？

答：（1）熟悉后台机各个界面的调取。

（2）准备工具，安全帽、对讲机、工作服。

（3）检查后台监控主机在正常工作状态。

（4）调取后台机监控各个监控画面。

（5）人员现场对设备状态与后台监控机实际显示进行核对。

（6）人员在保护小室对保护装置面板与后台监控界面进行核对。

（7）检查后台监控程序运行正常，配合监控调度人员进行运行方式等相关信息的核对。

（8）认清设备位置，防止误碰、误动其他运行设备。

42. 如何进行后台监控系统装置除尘（包括 UPS、后台主机等）？

答：（1）工作人员穿长袖工作服，袖口扎紧，穿绝缘靴，不得在工作中佩戴金属饰物。

（2）检查工器具的金属导电部位是否包扎完好，各接触二次回路的工具绝缘良好。

（3）UPS 除尘前检查各连接件和插接件有无松动和接触不牢的情况。

（4）机柜除尘前先检查装置连接线有无松动、绝缘有无破损。发现有异常时必须及时向工作负责人汇报，由工作负责人监护，工作班成员操作对需紧固连接或导线绝缘进行处理，均正常方可进行除尘工作。

（5）进行除尘工作时现场应有良好通风，工作应从上风方向，先由下向上，再由上往下，逐盘、逐屏进行除尘。

（6）应按照“吸尘→轻吹死角→吸尘”的程序进行闭环除尘，防止方法不对造成更大污染。

（7）除尘应按照电缆引入装置的方向从上层至下层依次进行除尘，特别注意端子排上留有除尘毛刷的毛刺造成接地短路。

（8）除尘应轻缓进行，不得用力过猛，除尘后认真检查。机柜顶部应无积灰，二次线标示齐全，端子清晰，绝缘良好，端子接触良好。机柜内所装电器元件完好，装置外壳无浮尘，铅封完好。

（9）工作完后清理工具，清扫工作现场，撤出工作场所。

43. 简述测控装置一般性故障运维处置步骤。

答：运维人员主要负责测控装置的死机或故障后的重启工作，其主要步骤如下：
（1）汇报各级调度自动化；
（2）确认装置屏位及对应的电源空气小开关，本间隔压板全部退出，关闭装置电源；
（3）等待至少 30s 后，开启装置电源；
（4）确认装置恢复正常后，恢复工作许可前退出的压板，汇报各级调度自动化；
（5）清理现场。

44. 简述交、直流电源（含事故照明屏）熔断器更换步骤。

答：（1）断开电源开关。
（2）取下损坏的熔断器。
（3）测量新的熔断器电阻值是否满足需要。
（4）用熔断器拆装器夹紧检验合格的熔断器，做好安装前准备。
（5）安装熔断器。
（6）检查熔断器安装是否到位。
（7）恢复电源供电。
（8）检查新装的熔断器是否紧固、连接处是否良好，检查熔断器是否工作正常，是否有漏电、放电现象。

45. 简述单个电池内阻测试步骤。

答：（1）向调度申请许可开工。
（2）宣读工作内容及危险点工作人员必须明确工作内容、范围、危险点及安全措施，做到“四清楚，四到位”并在工作票上签字。
（3）规范摆放工器具及材料。
（4）对氧化严重的链接螺丝或极柱进行清理；应按从正极开始排序清理蓄电池，补充掉落的蓄电池序号。
（5）严格按蓄电池规格参数设置测试装置参数。
（6）修正蓄电池组电压，被测蓄电池组电压的偏差过大直接影响测试的结果。
（7）用测试仪测试蓄电池组，正确连接各测试项的接线。
（8）向调度汇报工作结束。
（9）清理作业现场。

46. 简述蓄电池核对性充放电周期。

答：（1）新安装或整组更换电解液的防酸隔爆铅酸蓄电池（以下简称防酸蓄电池），运行的第一年，应每隔六个月进行一次，以后每隔1~2年进行一次；

（2）镉镍蓄电池每年一次；

（3）新安装的阀控式密封铅酸蓄电池（以下简称阀控蓄电池）在验收时应进行核对性充放电。以后每隔2~3年进行一次，运行6年后应每年进行一次。

47. 如何计算蓄电池放电电流？

答：（1）放电时，放电电流为I_{10}（I_{10}为10h放电率）电流恒流放电。例如，若单只蓄电池容量为200Ah，那么其$I_{10}=200/10=20A$。

（2）对加入运行的单组蓄电池组只可放出蓄电池组额定容量的50%，放电电流应加上负荷电流。例如，若单只蓄电池容量为200Ah，直流负荷电流I_F为2A，那么其放电电流为$I_{10}-I_F=20-2=18A$。

48. 什么情况下蓄电池应立即停止放电？

答：蓄电池组放电到下列任一情况应立即停止放电：

（1）未加入直流系统运行的蓄电池组已放出容量100%。

（2）未加入直流系统运行的蓄电池组任一只的电压要求：单只额定电压2V的蓄电池放电至电压1.8V；单只额定电压12V的蓄电池放电至电压10.8V；单只额定电压6V的蓄电池放电至电压5.4V。

（3）对加入直流系统运行的单组蓄电池组已放出容量50%。

（4）对加入直流系统运行的蓄电池组，单只电压低于2V；蓄电池组的端电压不应低于$2V\times N$。

49. 简述蓄电池核对性充放电的流程。

答：（1）测量蓄电池总电压、单瓶电压应达到要求的浮充电压值（考虑温度补偿）。如果浮充电压一直偏低，在放电前应考虑补充充电。

（2）倒负荷：

1）如站内有两套蓄电池，可将试验的一套退出运行，进行核对性充放电。如只有一组蓄电池，使用备用蓄电池代替试验蓄电池接入系统。

2）检查两套直流系统的电压是否一致，如果压差过大，应调整一致。

3）将直流负荷全部倒至另一段直流盘带。将试验的一组充电机、蓄电池停止运行，退出直流系统。

4）检查运行直流系统是否正常。

（3）准备放电仪：

1）查放电装置是否完好，安装连接好自动放电装置。

2）连接电流放电线。

3）将放电参数设定好。

（4）蓄电池放电：

1）蓄电池退出后应该静置1h以后再进行放电试验，并记录放电前的单只蓄电池的端电压。

2）合上放电开关，开始放电。

3）放电过程中保持放电电流恒定，注意观察蓄电池外观和温度情况。每小时记录一次蓄电池组端电压和单只电池电压。

4）监视单只蓄电池电压降至标准后立即停止放电（标称电压为2V）。

5）计算放电时间，计算蓄电池容量。

（5）蓄电池充电：

1）断开放电开关，合上充电开关。

2）采用均衡充电。

3）充电中，注意蓄电池温度情况，超过40℃时，应降低充电电流。每小时记录一次蓄充电电流、电池组端电压和单只蓄电池电压。

4）蓄电池充电到下列情况完成并转入浮充状态充电电流为0.001C~0.01C，维持2h不变。充电电压达到设定值后维持6~15h。

（6）循环充放电：

1）若容量 C 达到额定容量的100%，充放电即结束。

2）若容量 C 达不到额定容量的100%，再次重复进行核对性充放电。

3）核对性充放电最多三次，若三次均达不到额定容量的80%，向有关部门反映，更换部分或整组蓄电池。

（7）充放电正常后，恢复直流系统原运行方式。

50. 如何更换直流电源电压采集单元熔丝？

答：（1）断开电压采集单元电源；

（2）解开电压采集单元熔丝电源线，用绝缘胶带将解开的裸露线头包好；

（3）取下电压采集单元熔丝；

（4）安装新电压采集单元熔丝；

（5）将取下的电源线正确接入已更换熔丝；

（6）用万用表检测电压采集单元熔丝两端电位，保证更换的熔丝完好；

（7）检查电压采集单元状态，确保与监控后台状态保持一致。

51. 简述所用电系统定期切换试验操作步骤。

答：（1）汇报调控中心，进行站用电定期切换试验开始；

（2）在监控机上核对当前运行方式，检查备用站用变情况；

（3）在五防微机系统中，开出站用变压器切换任务的操作票，审核无误后，打印操作票，上传五防微机钥匙；

（4）检查工作站用变压器运行正常，监控机上无工作站用变异常信号；

（5）检查备用站用变压器正常，监控机上无备用站用变异常信号；

（6）检查站用电室交流负荷（380V Ⅰ段、380V Ⅱ段负荷指示灯正常）正常，关闭站内空调、办公用电脑等电气设备；

（7）检查高低压侧开关储能正常；

（8）检查站用电备自投装置投入且充电正常；

（9）断开工作站用变压器电源；

（10）检查站用电备自投装置动作正确；

（11）监控机上检查站用变压器正常，高、低压侧电压读数正确；

（12）检查站用变压器 380V Ⅰ段、380V Ⅱ段负荷指示灯正常；

（13）检查监控装置站用电备自投信号正常动作；

（14）复归站用电备自投装置的动作信号；

（15）检查备用站用变压器运行正常；

（16）检查监控机上备用站用变压器高、低压侧电压读数正确；

（17）切倒回原运行方式；

（18）检查直流系统、主变压器冷却器、UPS 电源等设备是否正常；

（19）检查 380V Ⅰ段、380V Ⅱ段负荷指示灯正常；站用电备自投充电正常；

（20）检查微机监控机信号显示正常；

（21）恢复站内办公电脑、空调等电气设备的运行；

（22）汇报调控中心，进行站用电定期切换试验结束。

52. 如何更换站用电系统外熔丝？

答：应立即汇报调度，将故障站用变压器停役转检修，拉开故障站用变压器高压侧闸刀（母线闸刀或线路闸刀，也有的是跌落式高压熔丝）；用高压绝缘拉杆按先中间后两边的顺序将三相都拉开，调换同规格、同型号的高压熔丝；调换高压熔丝应戴绝缘手套、绝缘杆、穿绝缘靴，戴护目眼镜，再按与上述相反顺序即先两边后中间的顺序合上。调换结束，汇报调度，将进行复役操作；拆除所用变高低压侧接地线；合上站用变压器高压侧闸刀（母线闸刀或线路闸刀，也有的是跌落式高压熔丝）；断开站用电分段开关；合上站用变压器低压空气开关。

53. 如何进行接地网开挖抽检？

答：每过一定的时期（一般 3~5 年）要对接地装置要进行开挖检查，要求每个电压等级至少两个点，开挖点一般不少于6~8个，开挖时沿接地引下线进行。主要检查下列部位：

(1) 设备的接地引下线。因设备的接地引下线，有一部分在土中，有一部分在空气中，由于氧浓度不同，或者说是腐蚀电位不同，最容易发生吸氧腐蚀（电化学腐蚀）。因此，每过一定的周期要进行开挖检查，看是否受到了腐蚀，验算其截面是否还满足热稳定的要求，并定期进行防腐处理。

(2) 检查接地网的焊接头。接地体的焊接处也是腐蚀最严重的地方，对这些部位要定期的开外挖检查其腐蚀情况，并采取相应的防腐措施。

54. 简述接地网引下线检查测试方法。

答：接地装置的特性参数大都与土壤的潮湿程度密切相关，因此接地装置的状况评估和验收测试应尽量在干燥季节和土壤未冻结时进行；不应在雷、雨、雪中或雨、雪后立即进行。

首先选定一个与主地网连接良好的设备的接地引下线为参考点（一般选择主变的接地引下线），再测试周围电气设备接地部分与参考点之间的直流电阻。将基准点与邻近的测试点擦拭、除锈、除漆，以便接试验引线。如果开始即有很多设备测试结果不良，宜考虑更换参考点。

55. 简述接地网引下线检查测试范围。

答：变电站的接地装置：各个电压等级的场区之间；各高压和低压设备，包括构架、分线箱、汇控箱、电源箱等；主控及内部各接地干线，场区内和附近的通信及内部各接地干线；独立避雷针微波塔与主地网之间；其他必要部分与主地网之间。

56. 如何判断及处理接地网引下线检查测试的结果？

答：(1) 状况良好的设备测试值应在50mΩ以下。

(2) 50~200mΩ的设备状况尚可，宜在以后例行测试中重点关注其变化，重要的设备宜在适当时候检查处理。

(3) 200mΩ~1Ω的设备状况不佳，对重要的设备应尽快检查处理，其他设备宜在适当时候检查处理。

(4) 1Ω以上的设备与主地网未连接，应尽快检查处理。

(5) 独立避雷针的测试值应在500mΩ以上。

(6) 测试中相对值明显高于其他设备，而绝对值又不大的，按状况尚可对待。

57. 如何进行微机防误系统、在线监测系统及消防、安防、视频监控系统主机除尘及电源、通信适配器等附件维护？

答：(1) 关掉电源，拔下外设连线。键盘线、电源线等插头可直接向外平拉。打印机信号电缆插头需先拧松螺丝固定把手，再向外平拉。

(2) 拔下所有外设连线后，打开机箱盖。

(3) 拆下各类适配卡。拆卸接口卡时，先用螺丝刀拧下固定插卡的螺丝，然后用双手捏紧接口卡上边缘平直向上拔下。

(4) 拔下驱动器数据线、驱动器电源插头、主板电源插头以及其他插头。

(5) 用拧干的毛巾擦拭干净机箱内、外表面。

(6) 用小毛刷清洁各种插槽（扩展插槽、内存条插槽、各种驱动器接口插头、插座等）内的灰尘，再用电吹风吹干净。

(7) 电源风扇与 CPU 散热风扇可用毛刷扫净。

(8) 内存条和各种适配卡表面的灰尘，可用毛刷或者棉签清理。如果电路板和插槽之间的连接点有灰尘或者被氧化，可用橡皮擦擦除。

(9) 硬盘盖上的尘埃用纸巾和毛巾擦干净。

(10) 重新正确组装主机系统，连接所有外设连线。

(11) 正确启动系统主机。

(12) 系统主机除尘等工作结束后，需对主机、通信适配器等附件进行以下的检查：

1) 检查机箱内的所有附件是否全部正确的装上。

2) 检查所有螺丝是否紧固。

3) 检查所有外设连线是否正确连接。

4) 检查系统主机是否能够正确工作。

(13) 系统主机检查无异常后，清扫工作现场。废弃的纸巾、棉签统一回收处理。将工器具擦拭干净并归位。至此系统主机除尘，电源、通信适配器等附件维护的工作全部结束。

58. 如何进行微机防误装置逻辑校验？

答： 通常要求微机防误装置的逻辑校验每半年进行一次。在变电站新建、改扩建工程后，因为改动了微机防误装置的逻辑，也需进行校验。

(1) 从微机防误系统中导出闭锁逻辑，与经防误专责审核批准的闭锁逻辑进行核对。

(2) 正逻辑核对，按停送电的正常操作顺序进行模拟预演。

(3) 反逻辑核对，对其闭锁逻辑中的逐一置反，检查操作是否能够进行。

对防误装置逻辑检查时导出逻辑进行检查，不得在防误程序内进行核对。发现逻辑有错误或问题时及时汇报防误专责，不得随意修改逻辑。

59. 如何进行微机防误系统电脑钥匙功能检测？

答： 在微机防误主机上对处于热备用状态的设备（如电容器或电抗器组）进行转冷备用的操作模拟预演，模拟完毕后传送操作票至电脑钥匙，检查电脑钥匙接票正确。至现场检测是否能打开隔离开关的机构箱挂锁，此时严禁操作实际设备。最后将操作票回传至防误主机。

发现无法开锁时需再次核对设备双重名称。

操作中发现编码错误则需上报防误专责。

电脑钥匙操作后，应正确放置在充电座上充电。应保持电脑钥匙电池电量充足，保证设备操作和连续工作的需要。

新电脑钥匙或返修回的电脑钥匙应自学后再使用。

60. 如何进行微机防误系统锁具维护及编码正确性检查？

答：防误锁具应每半年检查一次并记录，应检查无锁码损坏、锁受潮、卡涩和锈蚀等情况。使用电脑钥匙的锁码检测功能进行锁具编码正确性的检测。进入电脑钥匙编码检测菜单，将电脑钥匙插入防误锁具，电脑钥匙显示防误锁具对应的设备编号。注意核对时严禁开锁操作，对锈蚀严重或破损的锁具进行更换时，需要重新进行编码。

61. 简述微机防误系统接地螺栓及接地标志维护内容。

答：（1）接地螺栓应焊接良好，无锈蚀、开焊现象。

（2）防误锁具编号应正确，已上锁。

（3）接地标示应清晰。

（4）发现接地螺栓接地不牢靠时需及时进行维护。

（5）接地螺栓处应粘贴倒三角的接地标志，如有缺失及脱落的应及时补贴到位。

62. 如何处理微机防误系统一般缺陷？

答：微机防误系统一般缺陷可分为三类：

（1）微机防误闭锁综自设备操作，即在综自后台操作设备分合闸时，五防验证未通过，禁止操作。主要异常有：

1）没有模拟操作开关步骤。

处置方法：按操作票模拟操作设备步骤。

2）电脑钥匙没有放入模拟屏上的传送座。

处置方法：将电脑钥匙放入传送座，等待显示“××开关可进行操作”，××开关灯闪烁，方可进行后台电脑操作。注意部分厂家的五防钥匙在接收操作票时应先将钥匙开机，否则无法传票。

3）五防系统与综自系统通信故障。

处置方法：拔插通信线，分别检查五防主机与综自后台网卡指示灯是否正常，必要时更换网线。重启五防系统，如果故障未恢复，则需要联系维护人员进行处理。

4）远方/就地操作方式选择不正确。

处理方法：在防误主机上模拟操作完毕后，电脑钥匙上选择远方遥控操作。

5）操作开始前，未对上一步操作进行确认。

处理方法：对于多项操作，每操作一项后，在电脑钥匙上进行确认，方可进行下一步操作。

（2）电脑钥匙异常，既电脑钥匙不能接收从传输口传出的操作票。主要异常有：

1）电脑钥匙有票未进入接收票状态。

处置方法：退出电脑钥匙的调试状态，进入主界面。

2）电脑钥匙中有其他操作票未回传。

处置方法：先将电脑钥匙插入操作票传输口进行回传。

3）电脑钥匙中有其他操作票未执行完毕。

处置方法：将电脑钥匙清票，再插入操作票传输口进行接票操作。

具体清票操作如下：进入电脑钥匙主菜单→选回传→终止回传→按确认。

4）红外传输罩被脏物堵住。

处置方法：清理脏物，把传输罩清理干净。

5）电脑钥匙接收器损坏。

处置方法：更换另一把电脑钥匙，尽快报缺要求专业人员修理电脑钥匙。

（3）五防锁异常，既电脑钥匙显示“编码正确，可以开机械锁”但仍无法打开机械编码锁。主要异常有：

1）锁体内部机构卡涩。

处置方法：检查锁体机械部分是否有杂物、生锈等，用润滑油注入锁体内，再进行操作。此锁打开后，建议更换五防锁。

2）电池电量不足。

处置方法：应将电脑锁匙回传后，核对已操作的设备与模拟屏的位置一致后，更换另一把电脑锁匙，根据还未操作的项目按顺序进行模拟操作（或将已模拟操作票再次传送到另一电脑钥匙），并对没有电量的电脑锁匙进行充电。

（4）五防锁锁码异常，既操作时电脑钥匙插入锁体报“错误，请检查”。主要异常有：

1）走错操作间隔。

处置方法：确认操作间隔正确。

2）机械编码锁损坏。

处置方法：确认操作间隔正确后，进入电脑钥匙主菜单→选检查锁码→按确认，插入锁体，电脑钥匙屏显示的内容是否与操作项目内容一致，如显示的内容不一致，则是锁码错误。立即汇报防误专责后，按公司规定处理，如考虑到停送电时间紧，可向防误专责申请解锁流程。

（5）电脑钥匙电池异常，既电池在充电座上显示已充满电但实际可使用时间非常短。主要异常有：

1）充电座损坏。

处置方法：修理或更换充电座。

2）电池用的时间太长，引起电池老化。

处置方法：更换电池。

3）电脑钥匙内电池电量检测回路损坏。

处置方法：通知厂家人员立即处理。

4）充电电源线损坏。

处置方法：更换电源线。

63. 如何巡视消防报警系统？如何进行探头功能试验？

答：消防报警系统巡视项目：

（1）设备标识齐全、清晰、无损坏。

（2）柜门密闭严密、开启灵活。

（3）屏后电源空气开关在合闸位置。

（4）屏柜内无异味、无受潮现象，端子排干净、整洁，二次接线端子接线紧密无松动、标示清晰、无放电痕迹。

（5）屏柜门密闭严密。

（6）面板显示时间与 GPS 时间一致。

（7）人机对话液晶显示屏显示正常，无异常告警信息。

（8）装置电源、交流电源空开应该在合位。

（9）屏柜内无异味、无受潮现象，端子排干净、整洁，二次接线端子接线紧密无松动、标示清晰、无放电痕迹。

探头功能试验用长管将试验烟气引至点型感烟探测器，探测器应在试验烟气作用下动作，向火灾报警控制器输出火警信号，并启动探测器报警确认灯；探测器报警确认灯应在手动复位前予以保持。

64. 如何进行视频监控系统摄像头启动功能试验？

答：该项试验一般在主控室进行。

（1）图像检查。

检查内容：视频机柜内显示器中的视频摄像机图像。

维护标准：

1）全站视频监控摄像机应能够正常显示，无黑屏、花屏等异常情况；

2）视频系统中各摄像机名称与实际安装位置相符，摄像机镜头指示方向合理。

3）摄像机图像镜头基本清晰，无因摄像机镜头灰尘影响显示效果的情况。

（2）图像及灯光控制功能。

检查内容：

根据视频监控设备表中所列出的，具备旋转功能的摄像机；设备表中具备灯光控制的摄像机。

维护标准：

1）具备旋转功能的摄像机上下左右方向转动正常且速度均匀。

2）具备灯光联动的摄像机可正常开启、关闭对应的照明灯。

（3）录像功能检查。

检查内容：调用硬盘录像机历史录像。

维护标准：

1）所有摄像机历史录像均可正常调用。

2）录像资料应具备至少 7 天的保存期。

（4）机柜内部检查及视频网络（站内）检查。

检查内容：机柜内部环境。

维护标准：硬盘录像机、显示器等无明显灰尘；机柜内电源板及插座摆放整齐；视频监控系统运行良好；变电站内部视频网络设备运行正常。

（5）平台软件功能检查。

检查内容：操作班所在的站办公区应安装远程监控平台，实现对所辖变电站的正常监视。

维护标准：

1）操作班所管辖变电站视频图像可顺利上传，若无法上传，需区分网络通道故障或前端设备故障，并由维护单位确认，及时通知工区（分部）有关人员。

2）在远程可正常进行灯控操作及摄像机旋转操作。

3）可顺利进行录像调用。

65. 如何进行电子围栏系统操作功能试验？

答：（1）外观检查。

维护标准：围栏外观无断线，围栏支架无明显歪斜，围墙附近位置无障碍物影响，对影响电子围栏工作的树木等障碍物需清除。

（2）功能检查。

维护标准：

1）逐防区触发围栏，变电站内声光报警器可正常报警；控制键盘应明确显示防区位置。

2）电子围栏脉冲主机箱内密封完好，主机功能正常，高低压试验正确。

3）报警主机控制键盘布撤防功能完好；报警主机应具备将告警信号上传视频监控系统功能，并测试正确。

4）变电站内应具备报警防区图及系统图，防区图应明确张贴在报警主机旁。

5）电子围栏附属的灯光运行良好，灯具及支架无破损；灯光系统开关及触发试验正确。

66. 如何进行室内入侵及110联网报警系统操作功能试验？

答：（1）室内入侵报警系统红外探测器、报警主机外观无异常，红外探测器方向合理及报警范围合理；

（2）逐防区触发红外探测器，变电站内声光报警器可正常报警；控制键盘应明确显示防区位置；

（3）报警主机控制键盘布撤防功能完好；

（4）完成拨号实验，需实际触发联动功能，并完成拨号实验；

（5）变电站内应具备报警防区图，防区图应明确张贴在报警本地控制键盘旁；

（6）报警主机应具备将告警信号上传视频监控系统功能，并测试正确。

67. 如何进行在线监测系统通信检查、后台机与在线监测平台数据核对？

答：（1）油色谱通信检查，本站是通过在线监测后台机上查看设备通信是否正常，设备通信正常则有实时数据。

（2）油色谱在线监测系统一般情况下是24h采一次样，设备每天在采样结束后，会把数据上传到后台机在线监测系统上，可以通过查看设备的实时数据来核实在线监测工作情况，通过主机进入在线监测系统，再选择主变压器或高抗油色谱进行观察。

（3）PMS系统数据（如有）核对：①进入PMS系统；②“状态监测”栏；③监测信息查询；④变电监测信息组合监视；⑤变电站名称；⑥变电运维班；⑦主变压器、高压电抗器各相数据查看；⑧查看组合装置；⑨查看监测数据；⑩记录异常数据并及时上报，同时通知厂家处理。

68. 如何更换油在线监测装置载气瓶？

答：（1）先关闭现场数据采集器的电源；

（2）将载气瓶阀门关闭，将固定载气抱箍拆下，再将载气瓶出口与减压阀相连处松脱（逆时针旋松）；

（3）将要换载气瓶拿出放入新的载气瓶（要注意新更换的载气符合要求）；

(4) 将新更换的载气瓶出口擦干净，检查接口有无异常，如无异常将减压阀与载气瓶出口对接并旋紧（顺时针旋紧）；

(5) 先将减压阀调节阀完全松开（逆时针旋转），再打开载气瓶阀门，查看减压阀高压侧压力指示表压力正常后缓慢调节减压阀调节阀（顺时针旋转），使减压阀低压侧压力表指示达到0.4MPa；

(6) 用肥皂水涂于载气瓶及载气回路各接头处，仔细检查有无气泡产生，以检查在更换载气时是否造成载气回路接头漏气，如各接头没有气泡产生，说明载气回路各接头不漏气。

69. 如何处理在线监测系统常见一般缺陷？

答： 在线监测系统常见一般缺陷主要是通信中断，其处理步骤大致为：

(1) 查看设备主机是否有电；

(2) 检查设备主机底部端子通信线是否松动，检查后台电脑后面通信线是否松动，可以通过主机中在线监测装置通信状态查看通信情况。

(3) 以上两项检查均正常的话，通知厂家到站处理。

70. 简述变电站防火检查标准。

答： 在变电站、库房等重点要害部位对动用明火作业有无实行严格的防火管理；重点防火区域有无违章用火用电情况、有无设置明显的防火标志，并实行严格管理；有无私拉乱扯临时线路、增改电源的行为；变电站电缆隧道、夹层的防火安全管理是否符合要求；消防通道、安全疏散通道、安全出口是否畅通，安全疏散指示标志、应急照明是否完好，有无将安全出口上锁、占用消防通道或者在疏散通道内堆放杂物的严重违章行为；仓库库存物品有无按照要求分类、分垛储存，防火间距是否符合规定，严禁动用明火；车辆防火管理，有无按照要求配置灭火器材，并定期检查；严禁存放易燃易爆化学危险物品。

71. 简述变电站防小动物封堵检查维护标准。

答： (1) 检查主控室门窗完好、室内无鼠迹；电缆竖井孔洞封堵完好、防鼠挡板完好；

(2) 检查各继电小室、配电室电缆孔洞封闭严密、盘柜封堵严密、门窗完好、室内无鼠迹、防鼠挡板完好；

(3) 检查各电压等级设备区无妨碍设备安全的鸟巢；

(4) 检查各汇控柜、机构箱、端子箱、电源箱及检修箱电缆孔洞封闭严密；各箱门关闭完好、无鼠迹；

(5) 电缆沟进出孔必须可靠封堵不留缝隙防止老鼠进出，电缆盖板一定要严密，防火墙、防火涂层完好；

(6) 控制屏、保护屏、计量屏、开关柜、端子箱、机构箱、配电箱、检修电源箱等进出的线缆孔也要可靠封堵，并且门要及时关闭保证密闭不留缝隙，防止老鼠进入啃咬线缆；

(7) 室外保护、信号和低压裸露线缆钢管护套完好。

72. 简述检修电源箱主要轮换试验项目。

答：检修电源箱主要轮换试验项目为漏电保护器试跳试验，即漏电保护器每月至少检查一次，用细长绝缘物（如缠有绝缘胶带的十字螺丝刀）带电按下漏电保护器试跳按钮试验一次，看空气开关是否能正确跳开。

73. 简述防汛设施检查维护项目。

答：(1) 防汛资料档案齐全。

(2) 设备完好率。

(3) 排水设施与排水能力完好，排水沟是否畅通。

(4) 场地孔洞清理及紧急封堵措施完好。

(5) 检查室外瓦斯继电器防雨罩完好。

(6) 防洪水倒灌措施。

(7) 防洪水沟刷与侵蚀能力。

(8) 围墙、挡墙和护坡的稳定性。

(9) 汛期未完工工程度汛措施。

(10) 通信与交通工具良好。

(11) 防台风、防暴雨、防堵水倒灌等预案齐全。

(12) 防汛物资储备充足。

(13) 汛期检查电缆沟是否有积水，必要时应尽快采取措施。检查设备基础是否存在问题，有无塌陷，若有塌陷，应尽快加固夯实。

(14) 下雨前应注意检查机构箱、端子箱、电源箱门是否全部关好。

(15) 下雨前应注意检查小室、低压室、高压室、主控制楼房屋门窗是否全部关好。

(16) 正常时，排水泵均在手动位置。雨后应检查水位，启动 1 台排水泵及时排水。同时观察水位，视情况，可同时启动备用排水泵。并注意检查水位及排水泵的运行情况。

(17) 围墙外雨水倒灌，用防洪麻袋装沙或装土后，及时封堵在倒灌处。

(18) 如围墙外土地有对围墙造成威胁的情况，现场应采取急救措施，用木头、桌子、麻袋等重物支撑围墙内侧，并通知工区（分部）、消防队或附近派出所请求支援。

(19) 定期检查防汛水泵是否正常工作，电源是否可靠，是否有问题存在。

74. 简述设备标识及安全设施检查维护标准。

答：设备标识及安全设施如有脏污需及时轻擦，以便于巡检、操作时辨识，如有破损需重新打印、更换修复，标准参照《国家电网公司安全设施标准》执行。

75. 如何进行设备室通风系统切换试验及风机故障检查、维修？

答：各设备室通风系统应就地、远方（如有该功能）试验良好，把手切至就地位置现场启停正常，切回远方位置就地应无法操作，切至就地位置远方应无法操作，试验结束前把手恢复远方位置，遥控启停正常，后台报文正确。

风机在平常使用的时候就要注意其工作状态，一旦发现异常要及时关机处理，待排除故障之后方可使用。下面介绍几种常见问题的处理方法。如风机流量突然增加并已经超过自身承受范围，则可以在风机上装配节流设备，运用节流设备对流量做出调节；定期测试风机上的温度计、油标等显示仪器（如有）的准确性，便于及时发现风机故障；定期对轴承进行清理，更换轴承上的润滑剂等。

对于故障风机的维修，维修人员应当仔细检查风机的每一个部件，在大致判断出风机故障原因之后，仍要对未出现问题的部件做出检查，防止发生其他故障。在排除故障之后，要对风机进行整体的清理，擦除累积在风叶上的灰尘、油渍，及时涂抹润滑剂，对被严重腐蚀的元件进行更换。组装完成后通电试验，待风机正常运行后再结束当前工作。

76. 如何检查维护室内 SF_6 氧量报警仪？

答：（1）装置电源、灯光、信号指示是否正常，氧气、SF_6 气体数据（如有）是否正确。

（2）各采样装置是否工作正常。

（3）点击试验按钮观察声光报警是否正常，如有联动通风功能检查与风机通信是否中断。

（4）环境温湿度（如有）指示是否正常。

（5）报警值设定是否正确：氧气 18%、SF_6 气体 1000ppm 须告警。

（6）如果具备远传功能应同时检查后台或集控站数据是否正常，是否和现场一致。

（7）查询历史告警数据（如有此功能），是否曾有超标。

77. 如何进行消防沙池补充、灭火器检查清擦？

答：变电站消防沙池不能破损，沙池内需存有足够数量的清水沙以备火灾时应急，如存量不够需及时补充。

定期对变电站灭火器材进行检查、轻擦，检查其瓶体和瓶顶所挂检验日期是否超期，检查各类灭火器的压力是否正常，正常时应在绿色区域，压力异常需及时更换同型号消防器材。

78. 简述变电站泡沫灭火系统检查项目。

答：（1）设备标识齐全、清晰、无损坏。

（2）泡沫灭火装置在有效使用期限内。

（3）氮气瓶外观无异常。

（4）氮气瓶各插销无严重锈蚀。

（5）氮气瓶压力无明显异常。

79. 变电站水喷淋系统、消防水系统、泡沫灭火系统检查维护如何进行？

答：（1）每天进入消防间进行巡视检查，检查消防间内消防系统的各电磁球阀是否指针指向关闭状态，灭火系统装置氮气启动源和氮气动力源的各压力表指针是否在0位置。

（2）每月对灭火系统的检查，主要对系统的感观检查。

1）储液罐：目测巡检完好状况；

2）控制阀：目测巡检完好状况和开闭状态；

3）启动源：目测巡检完好状况，检查铅封完好状况；

4）氮气动力源：目测巡检完好状况，检查铅封完好状况；

5）水雾喷头：目测巡检完好状况；

6）排放阀：目测巡检完好状况和开闭状态；

7）压力表：目测巡检完好状况；

8）减压阀：目测巡检完好状况；

9）专用房：检查室温正常。

（3）每年一次对启动源和氮气动力源的压力进行检测。当室外温度低于0℃时，应每天检查专用房的室温，使室温保持在0℃以上，以确保灭火系统正常工作。

现 场 应 急 处 置

1. 500kV 变电站（敞开式设备）

运行方式：500kV：5011 断路器、5012 断路器带某郑Ⅰ回线运行；5021 断路器、5022 断路器、5023 断路器带马某Ⅰ回线、某郑Ⅱ回线运行；5032 断路器、5033 断路器带绿某线运行；5041 断路器、5042 断路器、5043 断路器带马某Ⅱ回线、某惠Ⅰ线运行；5051 断路器、5052 断路器、5053 断路器带 1#主变压器运行、某惠Ⅱ线运行；5061 断路器、5062 断路器带 2#主变压器运行；500kVⅠ、Ⅱ母联络运行；1#主变压器、2#主变压器中性点经小电抗接地。

220kV：Ⅰ慈某 2 断路器、某 221 断路器在 220kV 北母西段运行；Ⅰ某环 1 断路器在 220kV 北母东段运行；Ⅱ某环 1 断路器、某 222 断路器在 220kV 南母东段运行；某徐 1 断路器、Ⅱ慈某 2 断路器在 220kV 南母西段运行；某西 220 断路器、某东 220 断路器、某南 220 断路器联络运行；郑某 2 断路器在 220kV 北母西段备用；Ⅰ某峡线、Ⅱ某峡线作安措。

66kV：某 661 断路器、某站 1 断路器在 66kVⅠ母运行；某 662 断路器、某站 2 断路器在 66kVⅡ母运行。某容 1 断路器、某容 2 断路器、某容 3 断路器、某抗 1 断路器、某抗 2 断路器在 66kVⅠ母备用；某容 4 断路器、某容 5 断路器、某容 6 断路器、某抗 3 断路器、某抗 4 断路器在 66kVⅡ母备用。

站用变：某站 1 断路器、某 1#站用变压器、3801 断路器带中央盘交流 380VⅠ段负荷运行；某站 2 断路器 某 2#站用变压器、3802 断路器带中央盘交流 380VⅡ段负荷运行；坛某 2 断路器、0#站用变压器空载运行；3803 断路器、3804 断路器、3812 断路器解备。

题目 1　220kV 某徐线发生 A 相瞬时性接地短路故障时如何处理？

（事故现象：综自系统警铃喇叭响，某徐 1 断路器 A 相绿闪，某徐线光字牌光字报“WXH-803A 保护动作、PCS-931A 保护动作、重合闸动作”，简报报“WXH-803A 纵联差动保护动作，距离保护动作，零序保护启动动作，跳 A 相动作，重合闸动作，PCS-931A 纵联差动保护动作，距离保护动作，零序保护启动动作，重合闸启动”。某徐线 WXH-803A 保护屏液晶显示“纵联差动保护动作，距离保护动作，A 相重合闸动作，测距 A 相××km”，某徐线 PCS-931A 保护屏液晶显示“纵联差动保护动作，距离保护动作，A 相重合闸动作，测距 A 相××km”，故障录波器启动。）

答：（1）记录时间，象征，清音，清闪，清光字。

（2）分别汇报省调、省调监控、地调、生产调度、班长、分部：××：××，某徐线纵联差动保护动作跳开某徐 1 断路器 A 相，重合闸动作，A 相重合成功。

（3）现场检查一次设备，发现某徐 1 断路器三相均在合闸位置，某徐 1 断路器及某徐线站内设备无异常，现场检查二次设备，发现某徐线 WXH-803A 和 PCS-931A 保护屏液晶显示“纵联差动保护动作，距离保护动作，A 相重合闸动作，测距 A 相××km”；打印故障录波报告，显示 A 相瞬时性故障，测距 A 相××km，其他设备均正常。

（4）分别汇报省调、省调监控、地调、生产调度、班长、分部：现场检查一次设备，发现某徐 1 断路器三相均在合闸位置，某徐 1 断路器及某徐线站内设备无异常，现场检查二次设备，发现某徐线 WXH-803A 和 PCS-931A 保护屏液晶显示“纵联差动保护动作，距离保护动作，A 相重合闸动作，测距 A 相××km”；打印故障录波报告，显示 A 相瞬时性故障，测距 A 相××km，其他设备均正常。

（5）做好断路器跳闸记录、值班记录。

题目 2　220kV 某徐线 A 相永久性接地短路故障时如何处理？

（事故现象：综自系统警铃喇叭响，某徐 1 断路器跳闸，某徐线光字牌光字报“WXH-803A 保护动作、PCS-931A 保护动作、重合闸动作”，简报报“WXH-803A 纵联差动保护动作，距离保护动作，零序保护启动动作，跳 A 相动作，重合闸动作，重合闸后加速动作，PCS-931A 纵联差动保护动作，距离保护动作，零序保护启动动作，重合闸启动”。某徐线操作继电器箱 TA、TB、TC 红灯亮，WXH-803A 保护屏液晶显示“纵联差动保护动作，距离保护动作，A 相重合闸动作，重合闸后加速动作跳 A、B、C 三相，测距 A 相××km”，某徐线 PCS-931A 保护屏液晶显示“纵联差动保护动作，距离保护动作，A 相重合闸动作，重合闸后加速动作跳 A、B、C 三相，测距 A 相××km”，故障录波器启动。）

答：（1）记录时间，象征，清音，清闪，清光字。

（2）汇报省调、省调监控、地调、生产调度、班长、分部：××：××，某徐线纵联差动保护动作，某徐 1 断路器 A 相跳闸，重合闸动作，重合闸后加速动作，某徐 1 断路器三相跳闸。

（3）现场检查一次设备，发现某徐 1 断路器三相均在分闸位置，某徐 1 断路器及某徐线站内设备无异常，现场检查二次设备，发现某徐线操作继电器箱 TA、TB、TC 红灯亮，某徐线 WXH-803A 和 PCS-931A 保护屏液晶显示“纵联差动保护动作，距离保护动作，A 相重合闸动作，重合闸后加速动作跳 A、B、C 三相，测距 A 相××km”；打印故障录波报告，显示 A 相永久性故障，测距 A 相××km，其他设备均正常。

（4）汇报省调、省调监控、地调、生产调度、班长、分部：现场检查一次设备，发现某徐 1 断路器三相均在分闸位置，某徐 1 断路器及某徐线站内设备无异常，现场检查二次设备，发现某徐线操作继电器箱 TA、TB、TC 红灯亮，某徐线 WXH-803A 和 PCS-931A 保护屏液晶显示“纵联差动保护动作，距离保护动作，A 相重合闸动作，重合闸后加速动作跳 A、B、C 三相，测距 A 相××km”；打印故障录波报告，显示 A 相永久性故障，测距 A 相××km，其他设备均正常。

（5）根据调度令将某徐 1、某徐线解备，线路作安措。

（6）汇报省调、省调监控、地调、生产调度、班长、分部：已将某徐 1、某徐线解备，线路作安措。

（7）做好断路器跳闸记录、值班记录。

题目 3　500kV 某郑 I 回线 A 相瞬时性接地短路故障时如何处理？

（事故现象：综自系统警铃喇叭响，5011、5012 断路器闪光，某郑 I 回线光字牌光字报“PSL603U 保护动作、CSS-103C 保护动作、重合闸动作”，5011 断路器光字牌光字报“保护重合闸动作”，5012 断路器光字牌光字报“保护重合闸动作”，简报报“PSL603U 纵联差动保护动作，距离保护动作，零序保护启动动作，跳 A 相动作，重合闸动作，CSS-103C 纵联差动保护动作，距离保护动作，零序保护启动动作，重合闸启动”。某郑 I 回线 PSL603U 保护屏液晶显示“纵联差动保护动作，距离保护动作，测距 A 相××km”，某郑 I 回线 CSS-103C 保护屏液晶显示“纵联差动保护动作，距离保护动作，测距 A 相××km”，5011 断路器保护屏液晶显示“重合闸动作”，5012 断路器保护屏液晶显示“重合闸启动”，故障录波器启动。）

答：（1）记录时间，象征，清音，清闪，清光字。

（2）汇报网调、省调、地调、生产调度室、站长、分部：××：××，500kV 某郑 I 回线纵联差动保护动作，5012、5011 断路器 A 相跳闸，重合闸动作，5012、5011 断路器 A 相重合成功。

（3）现场检查 5011、5012 断路器三相均在合闸位置，5011、5012 断路器及某郑 I 回线站内设备无异常，现场检查二次设备，发现 5012、5011 断路器保护屏液晶显示“重合闸动作”，某郑 I 回线 PSL603U 和 CSS-103C 保护屏液晶显示“纵联差动保护动作，距离保护动作，测距 A 相×× km”；某郑 I 回线 PSL603U 和 CSS-103C 保护屏液晶显示打印故障录波报告，显示 A 相瞬时性故障，测距 A 相××km，其他设备均正常。

（4）汇报网调、省调、地调、生产调度室、站长、分部：现场检查一次设备，发现 5011、5012 断路器三相均在合闸位置，5011、5013 断路器及某郑 I 回线站内设备无异常，现场检查二次设备，发现 5012、5011 断路器保护屏液晶显示“重合闸动作”，某郑 I 回线 PSL603U 和 CSS-103C 保护屏液晶显示“纵联差动保护动作，距离保护动作，测距 A 相×× km”；某郑 I 回线 PSL603U 和 CSS-103C 保护屏液晶显示打印故障录波报告，显示 A 相瞬时性故障，测距 A 相××km，其他设备均正常。

(5) 做好断路器跳闸记录、值班记录。

题目 4　500kV 某郑 I 回线 A 相永久性接地短路故障时如何处理?

(事故现象:综自系统警铃喇叭响,5011、5012 断路器分闸,某郑 I 回线光字牌光字报“PSL603U 保护动作、CSS-103C 保护动作、重合闸动作”,5011 断路器光字牌光字报“保护重合闸动作”,5012 断路器光字牌光字报“保护重合闸动作”,简报报“PSL603U 纵联差动保护动作,距离保护动作,零序保护启动动作,跳 A 相动作,重合闸动作,重合闸后加速动作,CSS-103C 纵联差动保护动作,距离保护动作,零序保护启动动作,重合闸启动”。某郑 I 回线 PSL603U 保护屏液晶显示“纵联差动保护动作,距离保护动作,测距 A 相××km”,某郑 I 回线 CSS-103C 保护屏液晶显示“纵联差动保护动作,距离保护动作,测距 A 相××km”,5011 断路器保护屏液晶显示“重合闸动作,重合闸后加速动作跳 A、B、C 三相”,5012 断路器保护屏液晶显示“重合闸动作,重合闸后加速动作跳 A、B、C 三相”,故障录波器启动。)

答:(1) 记录时间,象征,清音,清闪,清光字。

(2) 汇报网调、省调、省调监控、生产调度室、站长、分部:××:××,500kV 某郑 I 回线纵联差动保护动作,5012、5011 断路器 A 相跳闸,重合闸动作,5012、5011 断路器 A 相重合,重合闸后加速动作,5011、5012 断路器三相跳闸。

(3) 现场检查一次设备,发现 5011、5012 断路器三相均在分闸位置,5011、5012 断路器及某郑 I 回线站内设备无异常,现场检查二次设备,发现现场检查二次设备,发现 5012、5011 断路器保护屏液晶显示“重合闸动作,重合闸后加速动作跳 A、B、C 三相”,某郑 I 回线及 5011、5012 操作继电器箱 TA、TB、TC 红灯亮,PSL603U 和 CSS-103C 保护屏液晶显示“纵联差动保护动作,距离保护动作,测距 A 相××km”;打印故障录波报告,显示 A 相永久性故障,测距 A 相××km,其他设备均正常。

(4) 汇报网调、省调、省调监控、生产调度室、站长、分部:现场检查一次设备,发现 5011、5012 断路器三相均在分闸位置,5011、5012 断路器及某郑 I 回线站内设备无异常,现场检查二次设备,发现 5012、5011 断路器保护屏液晶显示“重合闸动作,重合闸后加速动作跳 A、B、C 三相”,某郑 I 回线及 5011、5012 操作继电器箱 TA、TB、TC 红灯亮,PSL603U 和 CSS-103C 保护屏液晶显示“纵联差动保护动作,距离保护动作,测距 A 相××km”;打印故障录波报告,显示 A 相永久性故障,测距 A 相××km,其他设备均正常。

(5) 根据调度令将某郑 I 回线由热备转检修。

(6) 汇报网调、省调、省调监控、生产调度室、站长、分部:已将某郑 I 回线由热备转检修。

(7) 做好断路器跳闸记录、值班记录。

题目 5　220kV 某徐线 A、B 相间短路故障时如何处理?

(事故现象:综自系统警铃喇叭响,某徐 1 断路器跳闸,某徐线光字牌光字报“WXH-

803A 保护动作、PCS-931A 保护动作”，简报报“WXH-803A 纵联差动保护动作，距离保护动作，跳 A、B、C 三相动作，PCS-931A 纵联差动保护动作，距离保护动作”。某徐线操作继电器箱 TA、TB、TC 红灯亮，WXH-803A 保护屏液晶显示“纵联差动保护动作，距离保护动作，跳 A、B、C 三相，测距 A、B 相××km”，某徐线 PCS-931A 保护屏液晶显示“纵联差动保护动作，距离保护动作，跳 A、B、C 三相，测距 A、B 相××km”，故障录波器启动。）

答：（1）记录时间，象征，清音，清闪，清光字。

（2）汇报省调、省调监控、地调、生产调度室、站长、分部：××：××，某徐线纵联差动保护动作，某徐 1 断路器三相跳闸。

（3）现场检查一次设备，发现某徐 1 断路器三相均在分闸位置，某徐 1 断路器及某徐线站内设备无异常，现场检查二次设备，发现某徐线操作继电器箱 TA、TB、TC 红灯亮，WXH-803A 和 PCS-931A 保护屏液晶显示“纵联差动保护动作，距离保护动作，跳 A、B、C 三相，测距 A、B 相×× km”；打印故障录波报告，显示 A、B 相间短路故障，测距 A、B 相×× km，其他设备均正常。

（4）汇报省调、省调监控、地调、生产调度室、站长、分部：现场检查一次设备，发现某徐 1 断路器三相均在分闸位置，某徐 1 断路器及某徐线站内设备无异常，现场检查二次设备，发现现场检查二次设备，发现某徐线操作继电器箱 TA、TB、TC 红灯亮，WXH-803A 和 PCS-931A 保护屏液晶显示“纵联差动保护动作，距离保护动作，跳 A、B、C 三相，测距 A、B 相×× km”；打印故障录波报告，显示 A、B 相间短路故障，测距 A、B 相××km，其他设备均正常。

（5）根据调度令将某徐 1、某徐线解备，线路作安措（或根据调度令试送电）。

（6）汇报省调、省调监控、地调、生产调度室、站长、分部：已将某徐 1、某徐线解备，线路作安措。

（7）做好断路器跳闸记录、值班记录。

题目 6　220kV 某徐线 A、B 相间接地短路故障时如何处理？

（事故现象：综自系统警铃喇叭响，某徐 1 断路器跳闸，某徐线光字牌光字报“WXH-803A 保护动作、PCS-931A 保护动作”，简报报“WXH-803A 纵联差动保护动作，距离保护动作，零序保护启动动作，跳 A、B、C 三相动作，PCS-931A 纵联差动保护动作，距离保护动作，零序保护启动动作”。某徐线操作继电器箱 TA、TB、TC 红灯亮，WXH-803A 保护屏液晶显示“纵联差动保护动作，距离保护动作，跳 A、B、C 三相，测距 A、B 相×× km”，某徐线 PCS-931A 保护屏液晶显示“纵联差动保护动作，距离保护动作，跳 A、B、C 三相，测距 A、B 相×× km”，故障录波器启动。）

答：（1）记录时间，象征，清音，清闪，清光字。

（2）汇报省调、省调监控、地调、生产调度室、站长、分部：××：××，某徐线纵联差动保护动作，某徐 1 断路器三相跳闸。

（3）现场检查一次设备，发现某徐 1 断路器三相均在分闸位置，某徐 1 断路器及某徐线站内设备无异常，现场检查二次设备，发现某徐线操作继电器箱 TA、TB、TC 红灯亮，WXH-803A 和 PCS-931A 保护屏液晶显示“纵联差动保护动作，距离保护动作，跳 A、B、C 三相，测距 A、B 相××km”；打印故障录波报告，显示 A、B 相间接地短路故障，测距 A、B 相××km，其他设备均正常。

（4）汇报省调、省调监控、地调、生产调度室、站长、分部：现场检查一次设备，发现某徐 1 断路器三相均在分闸位置，某徐 1 断路器及某徐线站内设备无异常，现场检查二次设备，发现现场检查二次设备，发现某徐线操作继电器箱 TA、TB、TC 红灯亮，WXH-803A 和 PCS-931A 保护屏液晶显示“纵联差动保护动作，距离保护动作，跳 A、B、C 三相，测距 A、B 相×× km”；打印故障录波报告，显示 A、B 相间接地短路故障，测距 A、B 相×× km，其他设备均正常。

（5）根据调度令将某徐 1、某徐线解备，线路作安措（或根据调度令试送电）。

（6）汇报省调、省调监控、地调、生产调度室、站长、分部：已将某徐 1、某徐线解备，线路作安措。

（7）做好断路器跳闸记录、值班记录。

题目 7　220kV 某徐线三相短路故障时如何处理？

（事故现象：综自系统警铃喇叭响，某徐 1 断路器跳闸，某徐线光字牌光字报“WXH-803A 保护动作、PCS-931A 保护动作”，简报报“WXH-803A 纵联差动保护动作，距离保护动作，跳 A、B、C 三相动作，PCS-931A 纵联差动保护动作，距离保护动作”。某徐线操作继电器箱 TA、TB、TC 红灯亮，WXH-803A 保护屏液晶显示“纵联差动保护动作，距离保护动作，跳 A、B、C 三相，测距 A、B、C 相××km”，某徐线 PCS-931A 保护屏液晶显示“纵联差动保护动作，距离保护动作，跳 A、B、C 三相，测距 A、B、C 相××km”，故障录波器启动。）

答：（1）记录时间，象征，清音，清闪，清光字。

（2）汇报省调、省调监控、地调、生产调度室、站长、分部：××：××，某徐线纵联差动保护动作，某徐 1 断路器三相跳闸。

（3）现场检查一次设备，发现某徐 1 断路器三相均在分闸位置，某徐 1 断路器及某徐线站内设备无异常，现场检查二次设备，发现某徐线操作继电器箱 TA、TB、TC 红灯亮，WXH-803A 和 PCS-931A 保护屏液晶显示“纵联差动保护动作，距离保护动作，跳 A、B、C 三相，测距 A、B、C 相×× km”；打印故障录波报告，显示 A、B、C 相短路故障，测距 A、B、C 相×× km，其他设备均正常。

（4）汇报省调、省调监控、地调、生产调度室、站长、分部：现场检查一次设备，发现某徐 1 断路器三相均在分闸位置，某徐 1 断路器及某徐线站内设备无异常，现场检查二次设备，发现某徐线操作继电器箱 TA、TB、TC 红灯亮，WXH-803A 和 PCS-931A 保护屏液晶显示“纵联差动保护动作，距离保护动作，跳 A、B、C 三相，测距 A、B、C 相××km”；打印故障录波报告，显示 A、B、C 相短路故障，测距 A、B、C 相×× km，其他设备均正常。

（5）根据调度令将某徐 1、某徐线解备，线路作安措（或根据调度令试送电）。

（6）汇报省调、省调监控、地调、生产调度室、站长、分部：已将某徐 1、某徐线解备，线路作安措。

（7）做好断路器跳闸记录、值班记录。

题目 8　500kV 某郑Ⅰ回线 A、B 相间短路故障时如何处理？

（事故现象：综自系统警铃喇叭响，5011、5012 断路器分闸，某郑Ⅰ回线光字牌光字报“PSL603U 保护动作、CSS-103C 保护动作”，5011 断路器光字牌光字报“断路器 A、B、C 相动作”，5012 断路器光字牌光字报“断路器 A、B、C 相动作”，简报报“PSL603U 纵联差动保护动作，距离保护动作，跳 A、B、C 三相动作，CSS-103C 纵联差动保护动作，距离保护动作”。某郑Ⅰ回线及 5011、5012 操作继电器箱 TA、TB、TC 红灯亮，某郑Ⅰ回线 PSL603U 保护屏液晶显示“纵联差动保护动作，距离保护动作，测距 A、B 相×× km”，某郑Ⅰ回线 CSS-103C 保护屏液晶显示“纵联差动保护动作，距离保护动作，测距 A、B 相×× km”，故障录波器启动。）

答：（1）记录时间，象征，清音，清闪，清光字。

（2）汇报网调、省调、省调监控、生产调度室、站长、分部：××：××，某郑Ⅰ回线纵联差动保护动作，5011、5012 断路器三相跳闸 。

（3）现场检查一次设备，发现 5011、5012 断路器三相均在分闸位置，5011、5012 断路器及某郑Ⅰ回线站内设备无异常，现场检查二次设备，发现某郑Ⅰ回线及 5011、5012 操作继电器箱 TA、TB、TC 红灯亮，PSL603U 和 CSS-103C 保护屏液晶显示“纵联差动保护动作，距离保护动作，测距 A、B 相×× km”；打印故障录波报告，显示 A、B 相间短路故障，测距 A、B 相×× km，其他设备均正常。

（4）汇报网调、省调 、省调监控、生产调度室、站长、分部：现场检查一次设备，发现 5011、5012 断路器三相均在分闸位置，5011、5012 断路器及某郑Ⅰ回线站内设备无异常，现场检查二次设备，发现某郑Ⅰ回线及 5011、5012 操作继电器箱 TA、TB、TC 红灯亮，PSL603U 和 CSS-103C 保护屏液晶显示“纵联差动保护动作，距离保护动作，测距 A、B 相×× km”；打印故障录波报告，显示 A、B 相间短路故障，测距 A、B 相×× km，其他设备均正常。

（5）根据调度令将某郑Ⅰ回线由热备转检修（或根据调度令试送电）。

（6）汇报网调、省调、省调监控、生产调度室、站长、分部：已将某郑Ⅰ回线由热备转检修。

（7）做好断路器跳闸记录、值班记录。

题目 9　500kV 某郑 I 回线 A、B 相间接地短路故障时如何处理？

（事故现象：综自系统警铃喇叭响，5011、5012 断路器分闸，某郑 I 回线光字牌光字报“PSL603U 保护动作、CSS-103C 保护动作”，5011 断路器光字牌光字报“保护动作”，5012 断路器光字牌光字报“保护动作”简报报“PSL603U 纵联差动保护动作，距离保护动作，零序保护启动动作，跳 A、B、C 三相动作，CSS-103C 纵联差动保护动作，距离保护动作，零序保护启动动作”。某郑 I 回线及 5011、5012 操作继电器箱 TA、TB、TC 红灯亮，某郑 I 回线 PSL603U 保护屏液晶显示“纵联差动保护动作，距离保护动作，测距 A、B 相××km”，某郑 I 回线 CSS-103C 保护屏液晶显示“纵联差动保护动作，距离保护动作，测距 A、B 相××km”，故障录波器启动。）

答：（1）记录时间，象征，清音，清闪，清光字。

（2）汇报网调、省调、省调监控、生产调度室、站长、分部：××：××，某郑 I 回线纵联差动保护动作，5011、5012 断路器三相跳闸 。

（3）现场检查一次设备，发现 5011、5012 断路器三相均在分闸位置，5011、5012 断路器及某郑 I 回线站内设备无异常，现场检查二次设备，发现现场检查二次设备，发现某郑 I 回线及 5011、5012 操作继电器箱 TA、TB、TC 红灯亮，PSL603U 和 CSS-103C 保护屏液晶显示“纵联差动保护动作，距离保护动作，测距 A、B 相×× km”；打印故障录波报告，显示 A、B 相间接地短路故障，测距 A、B 相×× km，其他设备均正常。

（4）汇报网调、省调 、省调监控、生产调度室、站长、分部：现场检查一次设备，发现 5011、5012 断路器三相均在分闸位置，5011、5012 断路器及某郑 I 回线站内设备无异常，现场检查二次设备，发现某郑 I 回线及 5011、5012 操作继电器箱 TA、TB、TC 红灯亮，PSL603U 和 CSS-103C 保护屏液晶显示“纵联差动保护动作，距离保护动作，测距 A、B 相×× km”；打印故障录波报告，显示 A、B 相间接地短路故障，测距 A、B 相×× km，其他设备均正常。

（5）根据调度令将某郑 I 回线由热备转检修（或根据调度令试送电）。

（6）汇报网调、省调、省调监控、生产调度室、站长、分部：已将某郑 I 回线由热备转检修。

（7）做好断路器跳闸记录、值班记录。

题目 10　500kV 某郑 I 回线三相短路故障时如何处理？

（事故现象：综自系统警铃喇叭响，5011、5012 断路器分闸，某郑 I 回线光字牌光字报“PSL603U 保护动作、CSS-103C 保护动作”，5011 断路器光字牌光字报“断路器 A、B、C 相动作”，5012 断路器光字牌光字报“断路器 A、B、C 相动作”，简报报“PSL603U 纵联差动保护动作，距离保护动作，跳 A、B、C 三相动作，CSS-103C 纵联差动保护动作，距离保护动作”。某郑 I 回线及 5011、5012 操作继电器箱 TA、TB、TC 红灯亮，某郑 I 回线 PSL603U 保护屏液晶显示"纵联差动保护动作，距离保护动作，测距 A、B、C 相××km"，某郑Ⅰ回线 CSS-103C 保护屏液晶显示"纵联差动保护动作，距离保护动作，测距 A、B、C 相××km"，故障录波器启动。）

答：（1）记录时间，象征，清音，清闪，清光字。

（2）汇报网调、省调、省调监控、生产调度室、站长、分部：××：×× 某郑Ⅰ回线纵联差动保护动作，5011、5012 断路器三相跳闸。

（3）现场检查一次设备，发现 5011、5012 断路器三相均在分闸位置，5011、5012 断路器及某郑Ⅰ回线站内设备无异常，现场检查二次设备，发现某郑Ⅰ回线及 5011、5012 操作继电器箱 TA、TB、TC 红灯亮，PSL603U 和 CSS-103C 保护屏液晶显示"纵联差动保护动作，距离保护动作，测距 A、B、C 相××km"；打印故障录波报告，显示 A、B、C 三相短路故障，测距 A、B、C 相××km，其他设备均正常。

（4）汇报网调、省调、省调监控、生产调度室、站长、分部：现场检查一次设备，发现 5011、5012 断路器三相均在分闸位置，5011、5012 断路器及某郑Ⅰ回线站内设备无异常，现场检查二次设备，发现某郑Ⅰ回线及 5011、5012 操作继电器箱 TA、TB、TC 红灯亮，PSL603U 和 CSS-103C 保护屏液晶显示"纵联差动保护动作，距离保护动作，测距 A、B、C 相××km"；打印故障录波报告，显示 A、B、C 三相短路故障，测距 A、B、C 相××km，其他设备均正常。

（5）根据调度令将某郑Ⅰ回线由热备转检修（或根据调度令试送电）。

（6）汇报网调、省调、省调监控、生产调度室、站长、分部：已将某郑Ⅰ回线由热备转检修。

（7）做好断路器跳闸记录、值班记录。

题目 11　某 1#主变压器 B 相内部匝间故障，轻瓦斯动作时如何处理？

（事故现象：综自系统警铃喇叭响，某 1#主变压器光字牌报"本体轻瓦斯动作"，简报报"某 1#主变 B 相轻瓦斯动作"，某 1#主变压器非电量保护屏本体轻瓦斯 B 相红灯亮，液晶屏显示："本体轻瓦斯 B 相"，气体继电器内有少量气体。）

答：（1）记录时间，象征，清音，清闪，清光字。

（2）汇报省调、省调监控、生产调度室、站长、分部：××：×× 某 1#主变压器 B 相轻瓦斯动作。

（3）现场检查一次设备，发现某 1#主变压器三相本体油位油温正常，无异常放电声，B 相气体继电器内有少量气体，未发现其他明显故障点，现场检查二次设备，发现 1#主变压器非电量保护屏本体轻瓦斯 B 相红灯亮，液晶屏显示："本体轻瓦斯 B 相"，油色谱在线监测装置显示某 1#主变压器三相各项参数正常，其他设备均正常。

（4）汇报省调、省调监控、地调、生产调度室、站长、分部：现场检查一次设备，发现某 1#主变压器三相本体油位油温正常，无异常放电声，B 相气体继电器内有少量气体，未发现其他明显故障点，现场检查二次设备，发现1#主变压器非电量保护屏本体轻瓦斯B相红灯亮，液晶屏显示："本体轻瓦斯B相"，油色谱在线监测装置显示某1#主变压器三相各项参数正常，其他设备均正常。

（5）对某1#主变压器间隔加强监视，若轻瓦斯报警信号连续发出2次及以上，可能说明故障正在发展，应申请尽快停运。

（6）汇报生产调度，请检修人员尽快赶到现场进行取气和取油分析。

（7）做好缺陷记录、值班记录。

题目12　某1#主变压器A相内部故障，某1#主变压器重瓦斯保护动作时如何处理？

（事故现象：综自系统警铃喇叭响，某1#主变压器光字牌报"本体轻瓦斯动作、本体重瓦斯动作、差动保护动作、5051断路器A、B、C相动作、5052断路器A、B、C相动作、某221断路器动作、某661断路器动作"，5051断路器光字牌光字报"断路器A、B、C相动作"，5052断路器光字牌光字报"断路器A、B、C相动作"，简报报"某1#主变压器A相重瓦斯动作、差动保护动作、跳5051三相、跳5052三相、跳某221、跳某661、备自投装置动作、某站1断路器在分闸位置、某站0断路器由分到合，3803断路器由分到合"，66kVⅠ母电压指示为零，0号站用变带380VⅠ段母线运行，380VⅠ段母线电压正常。某1#主变压器第一套主保护屏操作继电器箱某221断路器跳闸红灯亮，某661断路器跳闸红灯亮，某5051、5052断路器保护屏操作继电器箱TA、TB、TC红灯亮，某惠Ⅱ回线操作继电器箱5052断路器TA、TB、TC红灯亮，某1#主变压器非电量保护屏本体轻瓦斯A相红灯亮、重瓦斯A相红灯亮，液晶屏显示："本体轻瓦斯A相、本体重瓦斯A相"，某1#主变压器差动保护屏跳闸红灯亮，故障录波器启动。）

答：（1）记录时间，象征，清音，清闪，清光字。

（2）汇报省调、省调监控、生产调度室、站长、分部：××：××某1#主变压器A相重瓦斯动作，差动保护动作，5051、5052、某221、某661断路器三相跳闸。

（3）现场检查一次设备，重点检查某1#主变压器有无喷油、漏油等，检查气体继电器内部有无气体积聚，检查油色谱在线监测装置数据，检查变压器本体油温、油位变化情况，发现某1#主变压器三相本体油位正常，无异常放电声，A相气体继电器内有气体，未发现其他明显故障点，某2#主变压器负荷正常，未发生过负荷现象，5051、5052、某221、某661断路器在分闸位置，某站1断路器在分闸位置、某站0断路器在合闸位置，3803断路器在合闸位置，66kVⅠ母电压指示为零，0号站用变压器带380VⅠ段母线运行，380VⅠ段母线电压正常，站内其他设备均无异常，现场检查二次设备，发现某1#主变压器第一套主保护屏操作继电器箱某221断路器跳闸红灯亮，某661断路器跳闸红灯亮，5051、5052断路器保护屏操作继电器箱TA、TB、TC红灯亮，某惠Ⅱ回线操作继电器箱5052断路器TA、TB、TC红灯亮，某1#主变压器非电量保护屏本体轻瓦斯A相红灯亮、重瓦斯A相红灯亮，液晶屏显示："本体轻瓦斯A相、本体重瓦斯A相"，某1#主变压器差动保护屏跳闸红灯亮，故障录波器启动，380V 低压室 0 号站用变压器备自投装置动作灯亮，380V 母线电压正常，其他设备均正常。

（4）汇报网调、省调、省调监控、地调、生产调度室、站长、分部：现场检查一次设备，发现某 1#主变压器三相本体油位正常，无异常放电声，A 相气体继电器内有气体，未发现其他明显故障点，某 2#主变压器负荷正常，未发生过负荷现象，5051、5052、某 221、某 661 断路器在分闸位置，某站 1 断路器在分闸位置、某站 0 断路器在合闸位置，3803 断路器在合闸位置，66kV Ⅰ母电压指示为零，0 号站用变带 380V Ⅰ段母线运行，380V Ⅰ段母线电压正常，站内其他设备均无异常，现场检查二次设备，发现某 1#主变压器第一套主保护屏操作继电器箱某 221 断路器跳闸红灯亮，某 661 断路器跳闸红灯亮，5051、5052 断路器保护屏操作继电器箱 TA、TB、TC 红灯亮，某惠Ⅱ回线操作继电器箱 5052 断路器 TA、TB、TC 红灯亮，某 1#主变压器非电量保护屏本体轻瓦斯 A 相红灯亮、重瓦斯 A 相红灯亮，液晶屏显示："本体轻瓦斯 A 相、本体重瓦斯 A 相"，某 1#主变压器差动保护屏跳闸红灯亮，故障录波器启动，380V 低压室 0 号站用变备自投装置动作灯亮，380V 母线电压正常，其他设备均正常。

（5）根据调度命令：断开 66kV Ⅰ母失压断路器，退出 0 号站用变备自投装置，某 1#主变压器解备作安措。

（6）汇报网调、省调、省调监控、地调、生产调度室、站长、分部：已断开 66kV Ⅰ母失压断路器，0 号站用变备自投装置已退出，某 1#主变压器解备作安措。

（7）做好缺陷记录、跳闸记录、值班记录，加强监视某 2#主变压器负荷情况。

题目 13　某 1#主变压器 B 相高压套管闪络接地，主变差动保护动作时如何处理？

（事故现象：综自系统警铃喇叭响，某 1#主变压器光字牌报"差动保护动作、5051 断路器 A、B、C 相动作、5052 断路器 A、B、C 相动作、某 221 断路器 A、B、C 相动作、某 661 断路器 A、B、C 相动作"，5051 断路器光字牌光字报"断路器 A、B、C 相动作"，5052 断路器光字牌光字报"断路器 A、B、C 相动作"，备自投装置动作、某站 1 断路器在分闸位置、某站 0 断路器由分到合，3803 断路器由分到合，66kV Ⅰ母电压指示为零，0 号站用变带 380V Ⅰ段母线运行，380V Ⅰ段母线电压正常。简报报"某 1#主变压器第一套差动保护动作、某 1#主变压器第二套差动保护动作、跳 5051 三相、跳 5052 三相、跳某 221、跳某 661"，某 1#主变压器第一套主保护屏操作继电器箱某 221 断路器跳闸红灯亮，某 661 断路器跳闸红灯亮，液晶屏显示："差动保护动作"，某 1#主变压器第二套主保护屏显示："差动保护动作"，5051、5052 断路器保护屏操作继电器箱 TA、TB、TC 红灯亮，某惠Ⅱ回线操作继电器箱 5052 断路器 TA、TB、TC 红灯亮，故障录波器启动。）

答：（1）记录时间，象征，清音，清闪，清光字。

（2）汇报省调、省调监控、生产调度室、站长、分部：××：×× 某 1#主变压器差动保护动作，5051、5052、221、某 661 断路器三相跳闸。

（3）现场检查一次设备，发现某1#主变压器B相高压套管闪络接地，5051、5052、某221、某661断路器三相跳闸，某站1断路器在分闸位置、某站0断路器在合闸位置，3803断路器在合闸位置，66kVⅠ母电压指示为零，0号站用变带380VⅠ段母线运行，380VⅠ段母线电压正常，站内其他设备均无异常，某2#主变压器负荷正常，未发生过负荷现象，未发现其他明显故障点，现场检查二次设备，发现某1#主变压器第一套主保护屏操作继电器箱某221断路器跳闸红灯亮，某661断路器跳闸红灯亮，液晶屏显示："差动保护动作"，某1#主变压器第二套主保护屏显示："差动保护动作"，5051、5052断路器保护屏操作继电器箱TA、TB、TC红灯亮，某惠Ⅱ回线操作继电器箱5052断路器TA、TB、TC红灯亮，故障录波器启动，380V低压室0号站用变压器备自投装置动作灯亮，380V母线电压正常，其他设备均正常。

（4）汇报省调、省调监控、地调、生产调度室、站长、分部：现场检查一次设备，发现某1#主变压器B相高压套管闪络接地，5051、5052、某221、某661断路器三相跳闸，某2#主变压器风机全部投入运行，某站1断路器在分闸位置、某站0断路器在合闸位置，3803断路器在合闸位置，66kVⅠ母电压指示为零，0号站用变压器带380VⅠ段母线运行，380VⅠ段母线电压正常，站内其他设备均无异常，某2#主变压器负荷正常，未发生过负荷现象，未发现其他明显故障点，现场检查二次设备，发现某1#主变压器第一套主保护屏操作继电器箱某221断路器跳闸红灯亮，某661断路器跳闸红灯亮，液晶屏显示："差动保护动作"，某1#主变压器第二套主保护屏显示："差动保护动作"，5051、5052断路器保护屏操作继电器箱TA、TB、TC红灯亮，某惠Ⅱ回线操作继电器箱5052断路器TA、TB、TC红灯亮，故障录波器启动，380V低压室0号站用变压器备自投装置动作灯亮，380V母线电压正常，其他设备均正常。

（5）根据调度命令：断开66kVⅠ母失压断路器，退出0号站用变压器备自投装置，某1#主变压器解备作安措。

（6）汇报网调、省调、省调监控、地调、生产调度室、站长、分部：已断开66kVⅠ母失压断路器，0号站用变压器备自投装置已退出，某1#主变压器解备作安措。

（7）做好缺陷记录、跳闸记录、值班记录，加强监视某2#主变压器负荷情况。

题目14　500kV郑某郑Ⅱ回线A、B相间短路，5022断路器A相拒动时如何处理？

（事故现象：综自系统警铃喇叭响，500kV某郑Ⅱ回线光字牌报"PSL603U保护动作、PCS-931A保护动作、5053断路器A、B、C相动作、5023断路器B、C相动作"，马某Ⅰ回线光字牌报"5021断路器A、B、C相动作、5022断路器A、B、C相动作"，5021断路器光字牌光字报"断路器A、B、C相动作"，5022断路器光字牌光字报"断路器B、C相动作、保护动作"，5023断路器光字牌光字报"断路器A、B、C相动作"，简报报"某郑Ⅱ回线PSL603U纵联差动保护动作、距离保护动作，某郑Ⅱ回线PCS-931A纵联差动保护动作、距离保护动作、跳5021三相、跳5022三相"，500kV第二串线路保护屏操作继电器箱 5021 断路器 TA、TB、TC 红灯亮，5022 断路器 TA、TB、TC 红灯亮，5023 断路器 TB、TC 红灯亮，某 5021、5023 断路器保护屏操作继电器箱 TA、TB、TC 红灯亮，某 5022 断路器保护屏操作继电器箱 TB、TC 红灯亮，液晶屏显示“A 相失灵保护动作”，某郑Ⅱ回线 PSL603U 保护屏液晶显示“纵联差动保护动作，距离保护动作，测距 A、B 相××km”，某郑Ⅱ回线 PCS-931A 保护屏液晶显示“纵联差动保护动作，距离保护动作，测距 A、B 相××km”，故障录波器启动。）

答：（1）记录时间，象征，清音，清闪，清光字。

（2）汇报网调、省调、省调监控、生产调度室、站长、分部：××：××，某郑Ⅱ回线纵联差动保护动作，5022 断路器失灵保护动作，5021、5023 断路器三相跳闸，5022 断路器 B、C 相跳闸，A 相在合闸位置。

（3）现场检查一次设备，发现 5021、5023 断路器三相跳闸，5022 断路器 B、C 相跳闸、5022 断路器 A 相在合闸位置，站内其他设备均无异常，现场检查二次设备，发现 500kV 第二串线路保护屏操作继电器箱 5021 断路器 TA、TB、TC 红灯亮，5022 断路器 TA、TB、TC 红灯亮，5023 断路器 TB、TC 红灯亮，某 5021、5023 断路器保护屏操作继电器箱 TA、TB、TC 红灯亮，某 5022 断路器保护屏操作继电器箱 TB、TC 红灯亮，液晶屏显示“A 相失灵保护动作”，某郑Ⅱ回线 PSL603U 保护屏液晶显示“纵联差动保护动作，距离保护动作，测距 A、B 相××km”，某郑Ⅱ回线 PCS-931A 保护屏液晶显示“纵联差动保护动作，距离保护动作，测距 A、B 相××km”，其他设备正常。

（4）汇报网调、省调、省调监控、地调、生产调度室、站长、分部：现场检查一次设备，发现 5021、5023 断路器三相跳闸，5022 断路器 B、C 相跳闸、5022 断路器 A 相在合闸位置，站内其他设备均无异常，现场检查二次设备，发现 500kV 第二串线路保护屏操作继电器箱 5021 断路器 TA、TB、TC 红灯亮，5022 断路器 TA、TB、TC 红灯亮，5023 断路器 TB、TC 红灯亮，某 5021、5023 断路器保护屏操作继电器箱 TA、TB、TC 红灯亮，某 5022 断路器保护屏操作继电器箱 TB、TC 红灯亮，液晶屏显示“A 相失灵保护动作”，某郑Ⅱ回线 PSL603U 保护屏液晶显示“纵联差动保护动作，距离保护动作，测距 A、B 相××km”，某郑Ⅱ回线 PCS-931A 保护屏液晶显示“纵联差动保护动作，距离保护动作，测距 A、B 相××km”，其他设备正常。

（5）根据调度命令：某郑Ⅱ回线由热备用转检修，将 5022 断路器解备作安措，用 5021 断路器对马某Ⅰ回线充电。

（6）汇报网调、省调、省调监控、地调、生产调度室、站长、分部：某郑Ⅱ回线由热备用转检修，将 5022 断路器解备作安措，用 5021 断路器对马某Ⅰ回线充电正常。

（7）做好缺陷记录、跳闸记录、值班记录。

题目 15　500kV Ⅰ 母 A 相支柱绝缘子闪络放电，5041 断路器 A 相拒动时如何处理？

（事故现象：综自系统警铃喇叭响，5011、5021、5032、5051、5061 断路器光字牌报

“A、B、C 相动作”，5041 断路器光字牌报“B、C 相动作，保护动作”，500kV Ⅰ母光字牌报“RCS-915E 差动保护动作、BP-2C 差动保护动作”，马某Ⅱ线光字牌报 5041 断路器 B、C 相动作、5042 断路器 A、B、C 相动作简报报“500kV Ⅰ母 PSL603U 差动保护动作、BP-2C 差动保护动作、5011、5032、5051、5061 断路器三相、5041 断路器 B、C 相、5041 断路器失灵保护动作、跳 5042 三相”，500kV 第四串线路保护屏操作继电器箱 5041 断路器跳闸红灯亮，5042 断路器跳闸红灯亮，某 5041、5042 断路器保护屏操作继电器箱 TA、TB、TC 红灯亮，5041 断路器保护屏操作继电器箱 TB、TC 红灯亮，液晶屏显示“A 相失灵保护动作”。)

答：（1）记录时间，象征，清音，清闪，清光字。

（2）汇报网调、省调、省调监控、生产调度室、站长、分部：××：××，500kV Ⅰ母母差保护动作，5011、5021、5032、5051、5061 断路器跳闸，5041 断路器 B、C 相跳闸，A 相在合闸位置，500kV Ⅰ母失压，5041 断路器失灵保护动作，5042 断路器跳闸。

（3）现场检查一次设备，发现 5011、5021、5032、5042、5051、5061 断路器三相跳闸，5041 断路器 B、C 相跳闸、5041 断路器 A 相在合闸位置，站内其他设备均无异常，现场检查二次设备，发现 500kV 第四串线路保护屏操作继电器箱 5041 断路器 TB、TC 红灯亮，5042 断路器 TA、TB、TC 红灯亮，5011、5021、5032、5051、5061 断路器保护屏操作继电器箱 TA、TB、TC 红灯亮，5041 断路器保护屏操作继电器箱 TB、TC 红灯亮，液晶屏显示“A 相失灵保护动作”，500kV Ⅰ母第一套保护屏、第二套保护屏母差动作、失灵动作灯亮，液晶屏显示“母差保护动作”，其他设备正常。

（4）汇报网调、省调、省调监控、地调、生产调度室、站长、分部：现场检查一次设备，发现 5011、5021、5032、5042、5051、5061 断路器三相跳闸，5041 断路器 B、C 相跳闸、5041 断路器 A 相在合闸位置，站内其他设备均无异常，现场检查二次设备，发现 500kV 第四串线路保护屏操作继电器箱 5041 断路器 TB、TC 红灯亮，5042 断路器 TA、TB、TC 红灯亮，5011、5021、5032、5051、5061 断路器保护屏操作继电器箱 TA、TB、TC 红灯亮，5041 断路器保护屏操作继电器箱 TB、TC 红灯亮，液晶屏显示“A 相失灵保护动作”，500kV Ⅰ母第一套保护屏、第二套保护屏母差动作、失灵动作灯亮，液晶屏显示“母差保护动作”，其他设备正常。

（5）根据调度命令：500kV Ⅰ母由运行转检修，将 5041 断路器解备作安措，用 5042 断路器对马某Ⅱ线充电。

（6）汇报网调、省调、省调监控、地调、生产调度室、站长、分部：500kV Ⅰ母已由运行转检修，将 5041 断路器解备作安措，用 5042 断路器对马某Ⅱ线充电。

（7）做好缺陷记录、跳闸记录、值班记录。

题目 16　某 1#主变压器重瓦斯保护误动作时如何处理？

（事故现象：综自系统警铃喇叭响，某 1#主变压器光字牌报“本体重瓦斯动作，5052、

5051、某221、某661三相跳闸”，5051断路器光字牌光字报“断路器A、B、C相动作”，5052断路器光字牌光字报“断路器A、B、C相动作”，简报报“某1#主变压器A相重瓦斯动作、跳5051三相、跳5052三相、跳某221三相、跳某661三相、备自投装置动作、某站1断路器在分闸位置、某站0断路器由分到合，3803断路器由分到合”，66kV Ⅰ母电压指示为零，0号站用变带380V Ⅰ段母线运行，380V Ⅰ段母线电压正常。某1#主变压器第一套主保护屏操作继电器箱某221断路器跳闸红灯亮，某661断路器跳闸红灯亮，5051、5052断路器保护屏操作继电器箱TA、TB、TC红灯亮，某惠Ⅱ回线操作继电器箱5052断路器TA、TB、TC红灯亮，某1#主变压器非电量保护屏重瓦斯A相红灯亮，液晶屏显示：“本体重瓦斯A相”，故障录波器启动。）

答：（1）记录时间，象征，清音，清闪，清光字。

（2）汇报网调、省调、省调监控、生产调度室、站长、分部：××：××，某1#主变压器A相重瓦斯动作，5051、5052、某221、某661断路器三相跳闸。

（3）现场检查一次设备，发现5051、5052、某221、某661断路器三相跳闸，未发现其他明显故障点，某2#主变压器负荷正常，未发生过负荷现象，5051、5052、某221、某661断路器在分闸位置，某站1断路器在分闸位置、某站0断路器在合闸位置，3803断路器在合闸位置，66kV Ⅰ母电压指示为零，0号站用变带380V Ⅰ段母线运行，380V Ⅰ段母线电压正常，站内其他设备均无异常，现场检查二次设备，发现某1#主变压器第一套主保护屏操作继电器箱某221断路器TA、TB、TC红灯亮，某661断路器TA、TB、TC红灯亮，5051、5052断路器保护屏操作继电器箱TA、TB、TC红灯亮，某惠Ⅱ回线操作继电器箱5052断路器TA、TB、TC红灯亮，某1#主变压器非电量保护屏本体重瓦斯A相红灯亮，液晶屏显示：“本体重瓦斯A相”，故障录波器启动，380V低压室0号站用变压器备自投装置动作灯亮，380V母线电压正常，其他设备均正常。

（4）汇报网调、省调、省调监控、生产调度室、站长、分部：现场检查一次设备，发现5051、5052、某221、某661断路器三相跳闸，未发现其他明显故障点，某2#主变压器负荷正常，未发生过负荷现象，5051、5052、某221、某661断路器在分闸位置，某站1断路器在分闸位置、某站0断路器在合闸位置，3803断路器在合闸位置，66kV Ⅰ母电压指示为零，0号站用变压器带380V Ⅰ段母线运行，380V Ⅰ段母线电压正常，站内其他设备均无异常，现场检查二次设备，发现某1#主变压器第一套主保护屏操作继电器箱某221断路器TA、TB、TC红灯亮，某661断路器TA、TB、TC红灯亮，5051、5052断路器保护屏操作继电器箱TA、TB、TC红灯亮，某惠Ⅱ回线操作继电器箱5052断路器TA、TB、TC红灯亮，某1#主变压器非电量保护屏本体重瓦斯A相红灯亮，液晶屏显示：“本体重瓦斯A相”，故障录波器启动，380V低压室0号站用变压器备自投装置动作灯亮，380V母线电压正常，其他设备均正常。

（5）根据调度命令：断开66kV Ⅰ母失压断路器，退出0号站用变备自投装置，某1#主变压器解备作安措。

（6）汇报网调、省调、省调监控、生产调度室、站长、分部：已断开66kV Ⅰ母失压断路器，0号站用变压器备自投装置已退出，某1#主变压器解备作安措。

（7）经检修人员检查分析，本次跳闸事故为某1#主变压器A相重瓦斯保护误动作。

（8）汇报网调、省调、省调监控、生产调度室、站长、分部：经检修人员检查分析，本次跳闸事故为某1#主变压器重瓦斯保护误动作。

（9）根据调度命令：将某1#主变压器由检修转运行，某1#主变压器正常运行后已将站用变压器倒至正常方式。

（10）汇报网调、省调、省调监控、生产调度室、站长、分部：已将某1#主变压器由检修转运行，某1#主变压器正常运行后已将站用变压器倒至正常方式。

（11）做好缺陷记录、跳闸记录、值班记录。

题目17　66kV Ⅰ母A、B相间短路时如何处理？

（事故现象：综自系统警铃喇叭响，某1#主变压器光字牌报“低压侧后备保护动作、某661断路器动作”，66kV Ⅰ母失压，简报报“某1#主变压器第一套低压侧套管过流Ⅰ段动作、某1#主变压器第二套低压侧套管过流Ⅰ段动作、跳某661断路器”，某1#主变压器第一套保护屏操作继电器箱某661断路器红灯亮，故障录波器启动，备自投装置动作、某站1断路器在分闸位置、某站0断路器由分到合，3803断路器由分到合，66kV Ⅰ母电压指示为零，0号站用变压器带380V Ⅰ段母线运行，380V Ⅰ段母线电压正常。）

答：（1）记录时间，象征，清音，清闪，清光字。

（2）汇报省调、省调监控、生产调度室、站长、分部：××：××，某1#主变压器低压侧套管过流Ⅰ段动作，某661断路器跳闸，备自投装置动作、0号站用变压器带380V Ⅰ段母线运行，380V Ⅰ段母线电压正常。

（3）现场检查一次设备，发现某661断路器跳闸，66kV Ⅰ母A、B相间搭有塑料带状物，站内其他设备均无异常，现场检查二次设备，发现某1#主变压器第一套保护屏操作继电器箱某661断路器跳闸红灯亮，液晶屏显示：“低压侧套管过流Ⅰ段动作”，故障录波器启动，备自投装置动作、某站1断路器在分闸位置、某站0断路器由分到合，3803断路器由分到合，66kV Ⅰ母电压指示为零，0号站用变压器带380V Ⅰ段母线运行，380V Ⅰ段母线电压正常，其他设备均正常。

（4）汇报省调、省调监控、地调、生产调度室、站长、分部：现场检查一次设备，发现某661断路器跳闸，66kV Ⅰ母A、B相间搭有塑料带状物，站内其他设备均无异常，现场检查二次设备，发现某1#主变压器第一套保护屏操作继电器箱某661断路器跳闸红灯亮，液晶屏显示：“低压侧套管过流Ⅰ段动作”，故障录波器启动，备自投装置动作、某站1断路器在分闸位置、某站0断路器由分到合，3803断路器由分到合，66kV Ⅰ母电压指示为零，0号站用变带380V Ⅰ段母线运行，380V Ⅰ段母线电压正常，其他设备均正常。

（5）向省调监控申请退出 66kV Ⅰ母上某抗 1、某抗 2、某容 1、某容 2、某容 3 间隔 AVC 电压自动控制系统。

（6）根据调度命令：断开 66kV Ⅰ母上所有失压断路器，将 66kV Ⅰ母停运解备作安措。

（7）汇报省调、省调监控、地调、生产调度室、站长、分部：已断开 66kV Ⅰ母上所有失压断路器，将 66kV Ⅰ母停运解备作安措。

（8）做好缺陷记录、跳闸记录、值班记录。

题目 18　某 1#电容器 A 相接地故障时如何处理?

本题目为特殊运行方式：66kV：某 661、某站 1、某容 1 在 66kV Ⅰ母运行；某 662、某站 2 在 66kV Ⅱ母运行。某抗 1、某容 2、某容 3、某抗 2 在 66kV Ⅰ母备用；某容 4、某容 5、某容 6、某抗 3、某抗 4 在 66kV Ⅱ母备用。

（事故现象：某 66kV Ⅰ母 TV 光字牌报“A 相接地”，简报报“某 66kV Ⅰ母 A 相接地”，A 相电压降低，B、C 相电压升高。）

答：（1）记录时间，象征，清音，清闪，清光字。

（2）汇报地调、生产调度室、站长、分部：××：××，后台报某 66kV Ⅰ母 A 相接地信号。

（3）现场检查一次设备，发现某容 1 地刀闸支柱绝缘子有闪络现象，站内其他设备均无异常，现场检查二次设备，继电保护设备均正常。

（4）汇报地调、生产调度室、站长、分部：现场检查一次设备，发现某容 1 地刀闸支柱绝缘子有闪络现象，站内其他设备均无异常，现场检查二次设备，继电保护设备均正常。

（5）向省调监控申请退出某容 1 间隔 AVC 电压自动控制系统。根据调度命令：将某 1#电容器停运解备作安措。

（6）汇报地调、生产调度室、站长、分部：已将某 1#电容器停运解备作安措，某 66kV Ⅰ母 A 相接地信号消失。

（7）做好缺陷记录、跳闸记录、值班记录。

题目 19　某 1#电抗器 A 相接地故障时如何处理?

本题目为特殊运行方式：66kV：某 661、某站 1、某抗 1 在 66kV Ⅰ母运行；某 662、某站 2 在 66kV Ⅱ母运行。某容 1、某容 2、某容 3、某抗 2 在 66kV Ⅰ母备用；某容 4、某容 5、某容 6、某抗 3、某抗 4 在 66kV Ⅱ母备用。

（事故现象：某 66kV Ⅰ母 PT 光字牌报“A 相接地”，简报报“某 66kV Ⅰ母 A 相接地”，A 相电压降低，B、C 相电压升高。）

答：（1）记录时间，象征，清音，清闪，清光字。

（2）汇报地调、生产调度室、站长、分部：××：××，后台报某 66kV Ⅰ母 A 相接地信号。

（3）现场检查一次设备，发现某抗 1 断路器与电抗器之间的支柱绝缘子有闪络现象，站内其他设备均无异常，现场检查二次设备，继电保护设备均正常。

（4）汇报地调、生产调度室、站长、分部：现场检查一次设备，发现某抗 1 断路器与电抗器之间的支柱绝缘子有闪络现象，站内其他设备均无异常，现场检查二次设备，继电保护设备均正常。

（5）向省调监控申请退出某抗 1 间隔 AVC 电压自动控制系统。根据调度命令：将某 1#电抗器停运解备作安措。

（6）汇报地调、生产调度室、站长、分部：已将某 1#电抗器停运解备作安措，某 66kV Ⅰ母 A 相接地信号消失。

（7）做好缺陷记录、跳闸记录、值班记录。

题目 20　某 1#电容器 A、B 相间短路故障时如何处理？

本题目为特殊运行方式：66kV：某 661、某站 1、某容 1 在 66kV Ⅰ母运行；某 662、某站 2 在 66kV Ⅱ母运行。某抗 1、某容 2、某容 3、某抗 2 在 66kV Ⅰ母备用；某容 4、某容 5、某容 6、某抗 3、某抗 4 在 66kV Ⅱ母备用。

（事故现象：综自系统警铃喇叭响，某 1#电容器光字牌报"电容器保护动作、某容 1 断路器动作"，简报报"某 1#电容器限时速断电流动作、某容 1 断路器动作"，某 66kV Ⅰ母保护测控屏某 1#电容器液晶屏报 A、B 相限时速断电流动作，故障录波器启动。）

答：（1）记录时间，象征，清音，清闪，清光字。

（2）汇报地调、生产调度室、站长、分部：××：××，后台报某 1#电容器保护动作、某容 1 断路器跳闸。

（3）现场检查一次设备，发现某容 1 地刀闸支柱绝缘子 A、B 相之间有漂浮物，站内其他设备均无异常，现场检查二次设备，发现某 66kV Ⅰ母保护测控屏某 1#电容器液晶屏报 A、B 相限时速断电流动作，故障录波器启动。

（4）汇报地调、生产调度室、站长、分部：现场检查一次设备，发现某容 1 地刀闸支柱绝缘子 A、B 相之间有漂浮物，站内其他设备均无异常，现场检查二次设备，发现某 66kV Ⅰ母保护测控屏某 1#电容器液晶屏报 A、B 相限时速断电流动作，故障录波器启动。

（5）向省调监控申请退出某容 1 间隔 AVC 电压自动控制系统。根据调度命令：将某 1#电容器解备作安措。

（6）汇报地调、生产调度室、站长、分部：已将某 1#电容器解备作安措。

（7）做好缺陷记录、跳闸记录、值班记录。

题目 21　某 1#电抗器 A、B 相间短路故障时如何处理？

本题目为特殊运行方式：66kV：某 661、某站 1、某抗 1 在 66kV Ⅰ母运行；某 662、某站 2 在 66kV Ⅱ母运行。某容 1、某容 2、某容 3、某抗 2 在 66kV Ⅰ母备用；某容 4、某容 5、某容 6、某抗 3、某抗 4 在 66kV Ⅱ母备用。

（事故现象：综自系统警铃喇叭响，某 1#电抗器光字牌报"电抗器保护动作、某抗 1

断路器动作”，简报报“某 1#电抗器限时速断电流动作、某抗 1 断路器动作”，某 66kV Ⅰ母保护测控屏某 1#电抗器液晶屏报 A、B 相限时速断电流动作，故障录波器启动。）

答：（1）记录时间，象征，清音，清闪，清光字。

（2）汇报地调、生产调度室、站长、分部：××：××，后台报某 1#电抗器保护动作、某抗 1 断路器跳闸。

（3）现场检查一次设备，发现某抗 1 断路器与电抗器之间的支柱绝缘子 A、B 相之间有漂浮物，站内其他设备均无异常，现场检查二次设备，发现某 66kV Ⅰ母保护测控屏某 1#电抗器液晶屏报 A、B 相限时速断电流动作，故障录波器启动。

（4）汇报地调、生产调度室、站长、分部：现场检查一次设备，发现某抗 1 断路器与电抗器之间的支柱绝缘子 A、B 相之间有漂浮物，站内其他设备均无异常，现场检查二次设备，发现某 66kV Ⅰ母保护测控屏某 1#电抗器液晶屏报 A、B 相限时速断电流动作，故障录波器启动。

（5）向省调监控申请退出某抗 1 间隔 AVC 电压自动控制系统。根据调度命令：将某 1#电抗器解备作安措。

（6）汇报地调、生产调度室、站长、分部：已将某 1#电抗器解备作安措。

（7）做好缺陷记录、跳闸记录、值班记录。

题目 22　某 1#站用变压器低压侧电缆头 A、B 相间短路时如何处理？

（事故现象：综自系统警铃喇叭响，某 1#站用变光字牌报“站用变压器保护动作、某站 1 断路器动作”，简报报“某 1#站用变压器过流Ⅰ段保护动作、某站 1 断路器动作，380V Ⅰ段失压”，某 66kV Ⅰ母保护测控屏某 1#站用变压器液晶屏报 A、B 相过流Ⅰ段保护动作，故障录波器启动。）

答：（1）记录时间，象征，清音，清闪，清光字。

（2）汇报地调、生产调度室、站长、分部：××：××，后台报某 1#站用变压器保护动作、某站 1 断路器跳闸。

（3）现场检查一次设备，发现某 1#站用变压器低压侧电缆头 A、B 相间有闪络放电迹象，站内其他设备均无异常，高压室检查：3801 手车断路器跳闸，现场检查二次设备，发现某 66kV Ⅰ母保护测控屏某 1#站用变压器液晶屏报 A、B 相过流Ⅰ段保护动作，故障录波器启动。

（4）汇报地调、生产调度室、站长、分部：现场检查一次设备，发现某 1#站用变压器低压侧电缆头 A、B 相间有闪络放电迹象，站内其他设备均无异常，高压室检查：3801 手车断路器跳闸，现场检查二次设备，发现某 66kV Ⅰ母保护测控屏某 1#站用变压器液晶屏报 A、B 相过流Ⅰ段保护动作，故障录波器启动。

（5）推上 3803 手车断路器，将 380V Ⅰ段负荷且倒至 0#站用变压器带运行，到直流室检查 1#充电机运行正常，复归信号。

（6）做好缺陷记录、跳闸记录、值班记录。

题目23　直流Ⅱ段母线短路时如何处理？

（事故现象：警铃响，主控室直流系统光字牌报“Ⅱ段直流控制母线过/欠压、Ⅱ段直流输出支路空开跳”，简报报“380V Ⅱ段直流母线失压”。）

答：（1）记录时间，象征，清音，清闪，清光字。

（2）汇报省调监控、生产调度室、站长、分部：××：××，后台报380VⅡ段直流母线失压。

（3）直流室现场检查：蓄母Ⅱ QK21空开跳闸、380V Ⅱ段母线间隔正负极间落入一根金属丝，其他设备正常，现场检查二次设备，发现380V Ⅱ段母线上所连的保护装置全部黑屏、运行灯灭，其他设备无异常。

（4）汇报省调监控、生产调度室、站长、分部：去直流室检查：蓄母Ⅱ QK21空开跳闸、380V Ⅱ段母线间隔正负极间落入一根金属丝，其他设备正常，现场检查二次设备，发现380V Ⅱ段母线上所连的保护装置全部黑屏、运行灯灭，直流分屏380V Ⅱ段母线运行灯灭，其他设备无异常。

（5）根据调度令断开380V Ⅱ段直流母线上所连的Q201、Q202、Q203、Q204、Q205、Q206、Q207、Q208、Q209、Q212空开。

（6）汇报省调监控、生产调度室、站长、分部：已断开380V Ⅱ段直流母线上所连的Q201、Q202、Q203、Q204、Q205、Q206、Q207、Q208、Q209、Q212空开。

（7）检修人员将金属丝取下，没有发现其他异常。

（8）汇报省调监控、生产调度室、站长、分部：缺陷处理完毕，具备试送电条件。

（9）根据调度令合上蓄母Ⅱ QK21空开，合上Q201、Q202、Q203、Q204、Q205、Q206、Q207、Q208、Q209、Q212空开。380V Ⅱ段直流母线电压恢复正常，380V Ⅱ段母线上所连的保护装置全部恢复正常。

（10）汇报省调监控、生产调度室、站长、分部：合上蓄母Ⅱ QK21空开，合上Q201、Q202、Q203、Q204、Q205、Q206、Q207、Q208、Q209、Q212空开。380V Ⅱ段直流母线电压恢复正常，380V Ⅱ段母线上所连的保护装置全部恢复正常。

（11）做好缺陷记录、值班记录。

题目24　500kV Ⅰ母A相支柱绝缘子闪络放电时如何处理？

（事故现象：综自系统警铃喇叭响，5011、5021、5032、5041、5051、5061断路器光字牌报“A、B、C相动作”，500kVⅠ母光字牌报“RCS-915E差动保护动作、BP-2C差动保护动作”，简报报“500kV Ⅰ母PSL603U差动保护动作、BP-2C差动保护动作、5011、5021、5032、5041、5051、5061断路器三相跳闸”，5011、5021、5032、5041、5051、5061断路器保护屏操作继电器箱TA、TB、TC红灯亮，500kV Ⅰ母第一套保护、第二套保护屏液晶屏显示“差动保护动作”。）

答：（1）记录时间，象征，清音，清闪，清光字。

（2）汇报网调、省调、省调监控、生产调度室、站长、分部：××：××，500kV Ⅰ母母差保护动作，500kV Ⅰ母失压，5011、5021、5032、5041、5051、5061断路器跳闸。

（3）现场检查一次设备，发现500kVⅠ 母A相支柱绝缘子有闪络痕迹，5011、5021、5032、5041、5051、5061断路器三相跳闸，站内其他设备均无异常，现场检查二次设备，发现5011、5021、5032、5041、5051、5061断路器保护屏操作继电器箱TA、TB、TC红灯亮，500kV Ⅰ母第一套保护屏、第二套保护屏母差动作，液晶屏显示“母差保护动作”，故障录波器启动其他设备正常。

（4）汇报网调、省调、省调监控、地调、生产调度室、站长、分部：现场检查一次设备，发现500kVⅠ 母A相支柱绝缘子有闪络痕迹，5011、5021、5032、5041、5051、5061断路器三相跳闸，站内其他设备均无异常，现场检查二次设备，发现5011、5021、5032、5041、5051、5061断路器保护屏操作继电器箱TA、TB、TC红灯亮，500kV Ⅰ母第一套保护屏、第二套保护屏母差动作，液晶屏显示“母差保护动作”，故障录波器启动其他设备正常。5011、5021、5032、5041、5051、5061、5011、5021、5032、5041、5051、5061。

（5）根据调度命令：将500kVⅠ母由运行转检修。

（6）汇报网调、省调、省调监控、地调、生产调度室、站长、分部：已将500kVⅠ母由运行转检修。

（7）做好缺陷记录、跳闸记录、值班记录。

题目25　220kV南母西段A相母支柱绝缘子闪络放电时如何处理？

（事故现象：综自系统警铃喇叭响，某徐线光字牌报“某徐1断路器A、B、C相动作”，Ⅱ慈某线光字牌报“Ⅱ慈某2断路器A、B、C相动作”，母联一西光字牌报“某西220断路器动作”，分段某南220光字牌报“某南220断路器动作”，220kV母线设备光字牌报“RCS-915CD差动保护动作、BP-2CS差动保护动作”，简报报“220kV母线RCS-915CD差动保护动作、BP-2CS差动保护动作、某徐1、Ⅱ慈某2、某西220、某南220断路器三相跳闸”，某徐线、Ⅱ慈某线保护屏操作继电器箱TA、TB、TC红灯亮，某西220母联断路器保护屏操作继电器箱TA、TB、TC红灯亮，某南220分段断路器保护屏操作继电器箱跳闸红灯亮，220kV母线第一套保护、第二套保护屏液晶屏显示“差动保护动作”。）

答：（1）记录时间，象征，清音，清闪，清光字。

（2）汇报省调、省调监控、生产调度室、站长、分部：××：××，某220kV母差保护动作，某220kV南母西段失压。

（3）现场检查发现220kV南母西段A相母支柱绝缘子有闪络痕迹，某徐1、Ⅱ慈某2、某西220、某南220断路器跳闸，站内其他设备均无异常，现场检查二次设备，发现某徐线、Ⅱ慈某线保护屏操作继电器箱TA、TB、TC红灯亮，某西220母联断路器保护屏操作继电器箱跳闸红灯亮，某南220分段断路器保护屏操作继电器箱跳闸红灯亮，220kV母线第一套保护、第二套保护屏液晶屏显示“差动保护动作”，故障录波器启动。

（4）汇报省调、省调监控、地调、生产调度室、站长、分部：现场检查发现220kV 南母西段A相母支柱绝缘子有闪络痕迹，某徐1、Ⅱ慈某2、某西220、某南220断路器跳闸，站内其他设备均无异常，现场检查二次设备，发现某徐线、Ⅱ慈某线保护屏操作继电器箱TA、TB、TC红灯亮，某西220母联断路器保护屏操作继电器箱跳闸红灯亮，某南220分段断路器保护屏操作继电器箱跳闸红灯亮，220kV 母线第一套保护、第二套保护屏液晶屏显示“差动保护动作”，故障录波器启动。

（5）根据调度命令：将220kV 南母西段解备作安措。将元件切倒置另一条母线运行。

（6）汇报省调、省调监控、生产调度室、站长、分部：已将220kV 南母西段解备作安措。

（7）做好缺陷记录、跳闸记录、值班记录。

题目26　220kV 某徐线A、B相间短路故障，某徐1断路器A相拒分时如何处理？

（事故现象：综自系统警铃喇叭响，某徐1断路器B、C相跳闸，某西220、Ⅱ慈某2、某南220断路器三相跳闸，某徐线光字牌光字报“WXH-803A保护动作、PCS-931A保护动作”，220kV 母线光字报“RCS-915失灵保护动作”，简报报：“某徐线WXH-803A纵联差动保护动作，距离保护动作，跳B、C相动作，某徐线PCS-931A纵联差动保护动作，距离保护动作，失灵保护启动，220kV 母线RCS-915失灵保护动作”。某西220断路器、某南220断路器操作继电器箱跳闸灯亮，Ⅱ慈某线断路器操作继电器箱TA、TB、TC红灯亮。某徐线操作继电器箱TB、TC红灯亮，WXH-803A保护屏液晶显示“纵联差动保护动作，距离保护动作，跳A、B、C三相，测距A、B相××km”，某徐线PCS-931A保护屏液晶显示“纵联差动保护动作，距离保护动作，跳A、B、C三相，测距A、B相××km，失灵保护启动”，220kV 母线RCS-915保护液晶屏显示“失灵保护动作”，故障录波器启动。）

答：（1）记录时间，象征，清音，清闪，清光字。

（2）汇报省调、省调监控、地调、生产调度室、站长、分部：××：××，220kV 南母西段失压，某徐1断路器B、C相跳闸，某徐线纵联差动保护动作，220kV 母线失灵保护动作。

（3）现场检查一次设备，发现某徐1断路器A、B相在分闸位置，某西220断路器、某南220断路器、Ⅱ慈某2断路器三相在分闸位置，其他设备无异常。现场检查二次设备，发现某西220断路器、某南220断路器操作继电器箱跳闸灯亮，Ⅱ慈某线断路器操作继电器箱TA、TB、TC红灯亮。某徐线操作继电器箱TB、TC红灯亮，WXH-803A保护屏液晶显示“纵联差动保护动作，距离保护动作，跳A、B、C三相，测距A、B相××km”，某徐线PCS-931A保护屏液晶显示“纵联差动保护动作，距离保护动作，跳A、B、C三相，测距A、B相××km，失灵保护启动”，220kV 母线RCS-915保护液晶屏显示“失灵保护动作”，打印故障录波报告，显示A、B相间短路故障，测距A、B相××km，其他设备均正常。

(4) 汇报省调、省调监控、地调、生产调度室、站长、分部：现场检查一次设备，发现某徐 1 断路器 A、B 相在分闸位置，某西 220 断路器、某南 220 断路器、Ⅱ慈某 2 断路器三相在分闸位置，其他设备无异常。现场检查二次设备，发现某西 220 断路器、某南 220 断路器操作继电器箱跳闸灯亮，Ⅱ慈某线断路器操作继电器箱 TA、TB、TC 红灯亮。某徐线操作继电器箱 TB、TC 红灯亮，WXH-803A 保护屏液晶显示“纵联差动保护动作，距离保护动作，跳 A、B、C 三相，测距 A、B 相××km”，某徐线 PCS-931A 保护屏液晶显示“纵联差动保护动作，距离保护动作，跳 A、B、C 三相，测距 A、B 相××km，失灵保护启动”，220kV 母线 RCS-915 保护液晶屏显示“失灵保护动作”，打印故障录波报告，显示 A、B 相间短路故障，测距 A、B 相××km，其他设备均正常。

(5) 根据调度令，在履行解锁钥匙使用手续后，解锁拉开某徐 1 断路器两侧隔离开关，某徐线解备，某徐 1 断路器、某徐线作安措。

(6) 汇报省调、省调监控、地调、生产调度室、站长、分部：已将某徐 1 断路器、某徐线解备，某徐 1 断路器、某徐线作安措。

(7) 做好断路器跳闸记录、缺陷记录、值班记录。

题目 27　220kV 某徐线 WDLK-861A 保护装置工作区号不正确，为试运定值时如何处理？

（事故现象：综自系统警铃喇叭响，某徐 1 断路器 A、B、C 相跳闸，某西 220、Ⅱ慈某 2、某南 220 断路器三相跳闸，某徐线光字牌光字报“WDLK-861A 保护动作”，简报报：“某徐线 WDLK-861A 过流保护动作，某徐 1 断路器 A、B、C 相跳闸”，故障录波器启动。）

答：(1) 记录时间，象征，清音，清闪，清光字。

(2) 汇报省调、省调监控、地调、生产调度室、站长、分部：××：××，某徐线 WDLK-861A 保护装置过流保护动作，某徐 1 断路器 A、B、C 三相跳闸。

(3) 现场检查一次设备，发现某徐 1 断路器 A、B、C 相在分闸位置，现场检查二次设备，发现某徐线操作继电器箱 TA、TB、TC 红灯亮，WDLK-861A 保护装置液晶显示“零序过流Ⅰ段保护”，保护装置工作区号不正确，为试运定值，故障录波器启动，其他设备均正常。

(4) 汇报省调、省调监控、地调、生产调度室、站长、分部：现场检查一次设备，发现某徐 1 断路器 A、B、C 相在分闸位置，现场检查二次设备，发现某徐线操作继电器箱 TA、TB、TC 红灯亮，WDLK-861A 保护装置液晶显示“零序过流Ⅰ段保护”，保护装置工作区号不正确，为试运定值，故障录波器启动，其他设备均正常。

(5) 经保护人员核实，将区号切至 01 区。

(6) 汇报省调、省调监控、地调、生产调度室、站长、分部：已将某徐线 WDLK-861A 保护装置定值区切至 01 区。

(7) 根据调度令将某徐线 某徐 1 断路器加入运行。

（8）汇报省调、省调监控、地调、生产调度室、站长、分部：已将某徐线 某徐1断路器加入运行。

（9）做好跳闸记录、值班记录。

题目28　500kV Ⅰ母BP-2C保护屏差动保护差动启动电流整定有误，导致500kV Ⅰ母失压时如何处理？

（事故现象：综自系统警铃喇叭响，5011、5021、5032、5041、5051、5061断路器光字牌报“A、B、C相动作”，500kVⅠ母光字牌报“BP-2C差动保护动作”，简报报“BP-2C差动保护动作、5011、5021、5032、5041、5051、5061断路器三相跳闸”，5011、5021、5032、5041、5051、5061断路器保护屏操作继电器箱TA、TB、TC红灯亮，500kV Ⅰ母BP-2C保护屏液晶屏显示“差动保护动作”。）

答：（1）记录时间，象征，清音，清闪，清光字。

（2）汇报网调、省调、省调监控、生产调度室、站长、分部：××：××，500kV Ⅰ母BP-2C保护屏母差保护动作，500kV Ⅰ母失压。

（3）现场检查一次设备，发现5011、5021、5032、5041、5051、5061断路器三相跳闸，站内其他设备均无异常，现场检查二次设备，发现5011、5021、5032、5041、5051、5061断路器保护屏操作继电器箱TA、TB、TC红灯亮，500kVⅠ母BP-2C保护液晶屏显示“母差保护动作”，故障录波器启动，其他设备正常。

（4）汇报网调、省调、省调监控、地调、生产调度室、站长、分部：现场检查一次设备，发现5011、5021、5032、5041、5051、5061断路器三相跳闸，站内其他设备均无异常，现场检查二次设备，发现5011、5021、5032、5041、5051、5061断路器保护屏操作继电器箱TA、TB、TC红灯亮，500kV Ⅰ母BP-2C保护液晶屏显示“母差保护动作”，故障录波器启动，其他设备正常。

（5）根据调度命令：退出500kVⅠ母BP-2C保护屏全套保护。

（6）汇报网调、省调、省调监控、生产调度室、站长、分部：已退出500kVⅠ母BP-2C保护屏全套保护。

（7）检修人员检查发现500kVⅠ母BP-2C保护屏差动启动电流整定有误，按保护方案重新整定，运维人员和检修人员共同核对保护定值并签字确认。

（8）汇报网调、省调、省调监控、生产调度室、站长、分部：检修人员检查发现500kVⅠ母BP-2C保护屏差动启动电流整定有误，按保护方案重新整定，运维人员已验收合格。

（9）根据调度令：将500kVⅠ母BP-2C保护屏保护按保护方案正确投入，合上5011、5021、5032、5041、5051、5061断路器。

（10）汇报网调、省调、省调监控、生产调度室、站长、分部：已将500kVⅠ母BP-2C保护屏保护按保护方案正确投入，已合上5011、5021、5032、5041、5051、5061断路器。

（11）做好跳闸记录、值班记录。

题目 29　220kV 母线 BP-2CS 保护屏差动保护启动电流定值整定有误时如何处理？

（事故现象：综自系统警铃喇叭响，某徐线光字牌报“某徐 1 断路器 A、B、C 相动作”，Ⅱ慈某线光字牌报“Ⅱ慈某 2 断路器 A、B、C 相动作”，母联一西光字牌报“某西 220 断路器 A、B、C 相动作”，分段某南光字牌报“某南 220 断路器 A、B、C 相动作”，220kV 母线设备光字牌报“BP-2CS 差动保护动作”，简报报“220kV 母线 BP-2CS 差动保护动作、某徐 1、Ⅱ慈某 2、某西 220、某南 220 断路器三相跳闸，某 220kV 南母西段失压”，某徐线、Ⅱ慈某线保护屏操作继电器箱 TA、TB、TC 红灯亮，某西 220 母联断路器、某南 220 分段断路保护屏操作继电器箱跳闸红灯亮，220kV 母线 BP-2CS 保护屏液晶屏显示“差动保护动作”，故障录波器启动。）

答：（1）记录时间，象征，清音，清闪，清光字。

（2）汇报省调、省调监控、生产调度室、站长、分部：××：××，某 220kV 母线 BP-2CS 母差保护动作，某 220kV 南母西段失压。

（3）现场检查一次设备，发现某徐 1、Ⅱ慈某 2、某西 220、某南 220 断路器跳闸，站内其他设备均无异常，现场检查二次设备，发现某徐线、Ⅱ慈某线保护屏操作继电器箱 TA、TB、TC 红灯亮，某西 220 母联断路器、某南 220 分段断路保护屏操作继电器箱跳闸红灯亮，220kV 母线 220kV 母线 BP-2CS 保护屏液晶屏显示“差动保护动作”，故障录波器启动。

（4）汇报省调、省调监控、地调、生产调度室、站长、分部：现场检查一次设备，发现某徐 1、Ⅱ慈某 2、某西 220、某南 220 断路器跳闸，站内其他设备均无异常，现场检查二次设备，发现某徐线、Ⅱ慈某线保护屏操作继电器箱 TA、TB、TC 红灯亮，某西 220 母联断路器、某南 220 分段断路保护屏操作继电器箱跳闸红灯亮，220kV 母线 220kV 母线 BP-2CS 保护屏液晶屏显示“差动保护动作”，故障录波器启动。

（5）根据调度命令：退出某 220kV 母线 BP-2CS 保护屏全套保护。

（6）汇报省调、省调监控、生产调度室、站长、分部：已退出某 220kV 母线 BP-2CS 保护屏全套保护。

（7）检修人员检查发现 220kV 母线 BP-2CS 保护屏差动保护启动电流定值整定有误，按保护方案重新整定，运维人员和检修人员共同核对保护定值并签字确认。

（8）汇报省调、省调监控、生产调度室、站长、分部：220kV 母线 BP-2CS 保护屏差动保护启动电流定值整定有误，按保护方案重新整定，运维人员已验收合格。

（9）根据调度令：将 220kV 母线 BP-2CS 保护屏保护按保护方案正确投入，合上某西 220、某南 220、某徐 1、Ⅱ慈某 2 断路器。

（10）汇报省调、省调监控、生产调度室、站长、分部：已将 220kV 母线 BP-2CS 保护屏保护按保护方案正确投入，合上某西 220、某南 220、某徐 1、Ⅱ慈某 2 断路器。

（11）做好缺陷记录、跳闸记录、值班记录。

题目 30　220kV 某徐 1 断路器拒分时如何处理？

（事故现象：在遥控操作断开 220kV 某徐 1 断路器过程中，后台遥控命令发出，简报报："某徐 1 断路器分闸失败"，某徐 1 断路器拒分。）

答：（1）记录时间，象征，清音，清闪，清光字。

（2）现场检查一次设备，发现某徐 1 断路器三相均在分闸位置，某徐 1 断路器及某徐线站内设备无异常，在 220 保护小室某徐线测控屏上近控操作，断开某徐 1 断路器，去现场检查某徐 1 断路器三相机械位置变位正确，后台遥信变位正确。

（3）做好缺陷记录、值班记录。

题目 31　500kV 某 5041 断路器拒合时如何处理？

（事故现象：在遥控操作合上 500kV 5041 断路器过程中，后台遥控命令发出，简报报："5041 断路器合闸失败"，500kV 5041 断路器拒合。）

答：（1）记录时间，象征，清音，清闪，清光字。

（2）现场检查一次设备，发现 5041 断路器三相均在分闸位置，5041 断路器汇控柜内储能电源空开在合位，接触良好，站内设备无异常，在 52 保护小室马某Ⅱ回线测控屏上近控操作合上 5041 断路器，依然不成功。

（3）汇报省调、省调监控、地调、生产调度室、站长、分部：××：×× 后台遥控操作 5041 断路器，5041 断路器拒合。现场检查一次设备，发现 5041 断路器三相均在分闸位置，5041 断路器汇控柜内储能电源空开在合位，接触良好，站内设备无异常，在 52 保护小室马某Ⅱ回线测控屏上近控操作合上 5041 断路器，近控操作不成功。

（4）根据调度令将 5041 断路器由热备转检修。

（5）汇报分别汇报省调、省调监控、地调、生产调度室、站长、分部：已将 5041 断路器由热备转检修。

（6）做好缺陷记录、值班记录。

题目 32　某 1 号主变压器发生火灾时如何处理？

（事故现象：某 1 号主变压器上部冒烟、燃烧。）

答：（1）值班人员带对讲机到设备区检查（人员进入火灾现场要戴好安全帽，穿上绝缘靴，与设备保持足够的安全距离，如听到设备有爆炸声，应远离设备）；并迅速向运维负责人汇报。

（2）运维负责人收到值班人员汇报后，立刻向网调、省调监控、生产调度、班长、分部汇报设备故障和断路器跳闸情况。必要时拨打 119 报警电话。

（3）运维负责人向网调申请将某 1 号主变压器停运解备作安措。

（4）运维负责人在第一时间组织值班人员现场救火行动，对某 1 号主变压器进行初步灭火。运维班班长接到汇报后立即组织应急人员和车辆携带救火设施赶赴起火变电站。

（5）应急人员到达后，在班长的指挥下，协同值班人员共同进行灭火（扑救时，扑救人员应根据火情，佩戴防毒面具或正压式呼吸器，防止中毒或窒息。火势无法控制时，值班人员组织人员撤至安全区域，防止爆炸伤人）。

（6）如火情较大，待消防人员到站后，站内人员配合消防人员对设备进行灭火。

（7）火灾事故现场火势已扑灭，确认无复燃可能之后，应及时清扫现场，制定完善的设备恢复运行试验、操作方案，开展设备的恢复工作，避免在恢复过程中造成设备损坏。

（8）事后配合上级部门进行事故调查。

题目 33　电缆发生火灾时如何处理？

[事故现象：电缆层（间、隧道）中，由于电缆存在经常过负荷、电缆绝缘老化和损伤、电缆接头缺陷、外界的热源影响等因素，导致物理着火，酿成火灾。]

答：（1）值班人员带对讲机到设备区检查（人员进入火灾现场要戴好安全帽，穿上绝缘靴，与设备保持足够的安全距离，如听到设备有爆炸声，应远离设备）；并迅速向运维负责人汇报。

（2）运维负责人收到值班人员汇报后，立刻断开设备电源，组织站内人员用沙土、干粉灭火器实施应急初步灭火（在电缆着火部位两侧设置阻火带，延缓和阻止火势发展），同时向生产调度、班长、分部汇报设备故障和断路器跳闸情况。必要时拨打 119 报警电话。

（3）运维负责人向网调申请将某 1 号主变压器停运解备作安措。

（4）运维负责人在第一时间组织值班人员现场救火行动，对某 1 号主变压器进行初步灭火。运维班班长接到汇报后立即组织应急人员和车辆携带救火设施赶赴起火变电站。

（5）应急人员到达后，在班长的指挥下，协同值班人员共同进行灭火（扑救时，扑救人员应根据火情，佩戴防毒面具或正压式呼吸器，防止中毒或窒息。进入电缆间、隧道等密闭场所火场的应急救援人员必须两人一组，佩戴正压式呼吸器，进入时间不宜过长，并充分预留出撤回时间所需要的呼吸器的供气量；电缆着火优先使用干式灭火器）。

（6）如火情较大，待消防人员到站后，站内人员配合消防人员对设备进行灭火。

（7）火灾事故现场火势已扑灭，确认无复燃可能之后，应及时清扫现场，制定完善的设备恢复运行试验、操作方案，开展设备的恢复工作，避免在恢复过程中造成设备损坏。

（8）事后配合上级部门进行事故调查。

2. 500kV 变电站（GIS 设备）

运行方式：500kV：5011 断路器、5012 断路器带郑某Ⅰ回线运行，5021 断路器、5022 断路器、5023 断路器带 1#主变压器、郑某Ⅱ回线运行，5031 断路器、5032 断路器带某 2#主变压器运行，5041 断路器、5042 断路器带中某Ⅰ线运行，5051 断路器、5052 断路器、5053 断路器带 3#主变压器、某菊线运行，5062 断路器、5063 断路器带中某Ⅱ线运行，500kVⅠ母、Ⅱ母联络运行。

220kV：某222断路器、Ⅰ某昊1断路器、Ⅰ某谢1断路器、Ⅰ某滨1断路器在某220kV东母南段运行；某221断路器、某凤1断路器、Ⅱ某谢1断路器、Ⅱ某昊1断路器在某220kV西母南段运行，某223断路器、Ⅱ某柳1断路器、Ⅱ某雁1断路器在某220kV西母北段运行，Ⅱ某滨1断路器、某呈1断路器、某海1断路器在某220kV东母北段运行，某北220断路器、某南220断路器联络某220kV东西母运行，某东220断路器、某西220断路器运行。

35kV：某351断路器、某站1断路器在某35kVⅠ母运行，某352断路器在某35kVⅡ母运行，某353断路器、某站2断路器在某35kVⅢ母运行，某抗1断路器、某抗2断路器、某容1断路器、某容2断路器在某35kVⅠ母备用，某抗3断路器、某抗4断路器、某容3断路器、某容4断路器在某35kVⅡ母备用，某抗5断路器、某抗6断路器、某容5断路器、某容6断路器在某35kVⅢ母备用。

站用变：某站1断路器 某1#站用变压器3814断路器带380VⅠ段母线运行；某站2断路器 某2#站用变压器3824断路器带380V Ⅱ段母线运行；王某2断路器 0#站用变压器备用；3800断路器、3801断路器、3802断路器解备。

题目1 某1#主变压器500kV侧TV瓷瓶绝缘击穿时如何处理？

（事故现象：警铃响，后台监控机报：1#主变压器第一套保护差动保护动作、1#主变压器第二套保护差动保护动作、220kV主变压器故障录波起动、220kV南区故障录波起动、5021第一、二组跳闸出口、5022第一、二组跳闸出口、某221第一、二组跳闸出口、某351第一、二组跳闸出口，某1#主变压器三侧断路器电流、电压、功率无指示，5021、5022、某351、某221断路器绿闪。）

答：（1）记录时间，象征，清音，清闪，清光字。

（2）汇报省调、省调监控、生产调度室、站长、分部：××：××，某1#主变压器差动保护动作、5021、5022、某351、某221断路器三相跳闸。

（3）加强监视某2#、3#主变压器，防止过负荷。恢复380VⅠ段母线供电，断开3814断路器，合上王某2断路器，合上3801断路器，断开某站1断路器。检查王某2断路器、某0#站用变压器带380VⅠ段负荷运行正常。

（4）现场检查某1#主变压器三侧一次设备，发现某1#主变压器500kV侧TV绝缘子有放电痕迹，5021、5022、某221、某351断路器在分位，其他一次设备正常，现场检查二次设备，某1#主变压器第一套保护（WBH-801A）某1#主变压器第二套保护（WBH-801A）报差动保护动作，5021、5022、某221、某351断路器第一、二组跳闸灯亮。

（5）汇报省调、省调监控、地调、生产调度室、站长、分部：某1#主变压器500kV侧TV绝缘子有放电痕迹，5021、5022、某221、某351断路器在分位，其他一次设备正常，现场检查二次设备，某1#主变压器第一套保护（WBH-801A）某1#主变压器第二套保护（WBH-801A）报差动保护动作，5021、5022、某221、某351断路器第一、二组跳闸灯亮。

（6）根据调度令，将某 1#主变压器由热备用转检修。

（7）汇报省调、省调监控、地调、生产调度室、站长、分部：某 1#主变压器已由热备用转检修。

（8）做好缺陷记录、跳闸记录、值班记录。

题目 2　某 1#主变压器 A 相内部故障，5021 断路器拒动时如何处理？

（事故现象：警铃响，后台监控机报：某 1#主变压器本体重瓦斯跳闸动作，某 1#主变压器本体压力突变跳闸动作，5021 断路器保护动作，5021 断路器失灵保护动作，5011、5031、5041、5051、5062、5022、某 221、某 351 断路器绿闪。某 1#主变压器三侧断路器电流、电压、功率无指示，500kV Ⅰ母电压无指示。）

答：（1）记录时间，象征，清音，清闪，清光字。

（2）汇报省调、省调监控、生产调度室、站长、分部：××：××，某 1#主变压器本体重瓦斯跳闸动作，5011、5031、5041、5051、5062、5022、某 221、某 351 断路器三相跳闸。

（3）加强监视某 2#、3#主变压器，防止过负荷。恢复 380V Ⅰ段母线供电。断开 3814 断路器，合上王某 2 断路器，合上 3801 断路器，断开某站 1 断路器。检查王某 2 断路器、某 0#站用变压器带 380V Ⅰ段负荷运行正常。

（4）现场检查某 1#主变压器三侧一次设备，发现某 1#主变压器瓦斯继电器内有黑色气体，5021 断路器外观正常，SF_6 压力表、油压表指示均正常，当打开汇控柜检查时，闻见一股明显的焦煳味。5021、5022、5031、5041、5051、5062、某 221、某 351 断路器三相断路器跳闸，其他一次设备正常，现场检查二次设备，某 1#主变压器非电量保护（WBH-802A）报 1#主变压器本体重瓦斯跳闸动作，1#主变压器本体压力突变跳闸动作，5021 断路器保护 WDLK-862A 报 5021 断路器保护动作，5021 断路器失灵保护动作，5011、5022、5031、5041、5051、5062、某 221、某 351 断路器第一、二组跳闸灯亮。

（5）汇报省调、省调监控、地调、生产调度室、站长、分部：某 1#主变压器瓦斯继电器内有黑色气体，5021 断路器外观正常，SF_6 压力表、油压表指示均正常，当打开汇控柜检查时，闻见一股明显的焦煳味。5021、5022、5031、5041、5051、5062、某 221、某 351 断路器三相断路器跳闸，其他一次设备正常，现场检查二次设备，某 1#主变压器非电量保护（WBH-802A）报 1#主变压器本体重瓦斯跳闸动作，1#主变压器本体压力突变跳闸动作，5021 断路器保护 WDLK-862A 报 5021 断路器保护动作，5021 断路器失灵保护动作，5011、5022、5031、5041、5051、5062、某 221、某 351 断路器第一、二组跳闸灯亮。

（6）根据调度令，将 5022、某 221、某 351 断路器由热备用转检修，在履行解锁钥匙使用手续后，将 5021 断路器手动解备作安措，用 5011 断路器对 500kV Ⅰ母充电，充电正常后，将 5031、5041、5051、5062 断路器恢复运行。

（7）汇报省调、省调监控、地调、生产调度室、站长、分部：已将 5022、某 221、某 351 断路器由热备用转检修，将 5021 断路器手动解备作安措后，用 5011 断路器对 500kV Ⅰ

母充电，充电正常后，将 5031、5041、5051、5062 断路器恢复运行。

（8）做好缺陷记录、跳闸记录、值班记录。

题目 3　某 35kV Ⅰ母母线 AB 相间短路故障，某 351 断路器拒动时如何处理？

（事故现象：警铃响，后台监控机报：某 1#主变压器第一套保护低压侧相间后备保护动作、某 1#主变压器第二套保护低压侧相间后备保护动作、某 1#主变压器低压侧过流保护动作、5021、5022、某 221 断路器第一、二组跳闸出口、某 351 断路器控制回路断线、某 351 断路器 SF_6 压力低闭锁，某 1#主变压器三侧断路器电流、电压、功率无指示，5021、5022、某 221 断路器绿闪。）

答：（1）记录时间，象征，清音，清闪，清光字。

（2）汇报省调、省调监控、生产调度室、站长、分部：××：××，某 1#主变压器低压侧相间后备保护动作、某 1#主变压器低压侧过流保护动作，某 351 SF_6 压力低闭锁，某 1#主变压器三侧断路器电流、电压、功率无指示，5021、5022、某 221 断路器三相跳闸。

（3）加强监视某 2#、3#主变压器，防止过负荷。恢复 380V Ⅰ段母线供电。断开 3814 断路器，合上王某 2 断路器，合上 3801 断路器，断开某站 1 断路器。检查王某 2 断路器、某 0#站用变压器带 380V Ⅰ段负荷运行正常。

（4）现场检查一次设备，发现某 35kV Ⅰ母母线 AB 相间挂有一条铝箔带，某 351 断路器机构 SF_6 压力降至 0.32MPa，某 351 断路器在合位，某 221，5021，5022 断路器在分位，其他设备未见异常。现场检查二次设备，某 1#主变压器第一套保护低压侧相间后备保护动作、某 1#主变压器第二套保护低压侧相间后备保护动作、某 1#主变压器低压侧过流保护动作、5021、5022、某 221 第一、二组跳闸出口。5021、5022、某 221 第一、二组跳闸灯亮。

（5）汇报省调、省调监控、地调、生产调度室、站长、分部：某 35kV Ⅰ母母线 AB 相间挂有一条铝箔带，某 351 断路器机构 SF_6 压力降至 0.32MPa，某 351 断路器在合位，某 221，5021，5022 断路器在分位，其他设备未见异常。现场检查二次设备，某 1#主变压器第一套保护低压侧相间后备保护动作、某 1#主变压器第二套保护低压侧相间后备保护动作、某 1#主变压器低压侧过流保护动作、5021、5022、某 221 第一、二组跳闸出口。5021、5022、某 221 断路器第一、二组跳闸灯亮。

（6）根据调度令，在履行解锁钥匙使用手续后，把某 351 断路器手动解备作安措，用某 221 断路器对某 1#主变压器充电，充电正常后，将 5021、5022 断路器恢复运行。

（7）汇报省调、省调监控、地调、生产调度室、站长、分部：已将 5022、某 221、某 351 断路器由热备用转检修，将 5021 断路器手动解备作安措后，用 5011 断路器对 500kV Ⅰ母充电，充电正常后，将 5031、5041、5051、5062 断路器恢复运行。

（8）做好缺陷记录、跳闸记录、值班记录。

题目 4　某 220kV 西母北段 A 相 PB 烧毁，造成短路时如何处理？

［事故现象：警铃响，后台监控机报：某 220kV 北区第一套母线保护屏（BP2B），第二

套母线保护屏（WMH-800A）报母差保护动作，某西 220、某北 220、某 223、Ⅱ某柳 1、Ⅱ某雁 1 断路器第一、二组跳闸灯亮，某 220kV 西母北段计量电压消失，某西 220、某北 220、某 223、Ⅱ某柳 1、Ⅱ某雁 1 断路器绿闪，某 220kV 西母北段电压指示为零。]

答：（1）记录时间，象征，清音，清闪，清光字。

（2）汇报省调、省调监控、生产调度室、站长、分部：××：××，北区母线保护母差保护动作，某西 220、某北 220、某 223、Ⅱ某柳 1、Ⅱ某雁 1 断路器三相跳闸，某 220kV 西母北段电压指示为零。

（3）加强监视某 1#、2#主变压器，防止过负荷。恢复 380V Ⅰ段母线供电。断开 3814 断路器，合上王某 2 断路器，合上 3802 断路器，断开某站 2 断路器。检查王某 2 断路器、某 0#站用变压器带 380V Ⅰ段负荷运行正常。

（4）现场检查一次设备，发现某 220kV 西母北段 A 相 PB 外壳发黑，某西 220、某北 220、某 223、Ⅱ某柳 1、Ⅱ某雁 1 断路器在分位，其他一次设备正常。现场检查二次设备，某 220kV 北区第一套母线保护屏（BP2B）、第二套母线保护屏（WMH-800A）报母差保护动作，某西 220、某北 220、某 223、Ⅱ某柳 1、Ⅱ某雁 1 断路器第一、二组跳闸灯亮。

（5）汇报省调、省调监控、地调、生产调度室、站长、分部：某 220kV 西母北段 A 相 PB 外壳发黑，某西 220、某北 220、某 223、Ⅱ某柳 1、Ⅱ某雁 1 断路器在分位，其他一次设备正常。现场检查二次设备，某 220kV 北区第一套母线保护屏（BP2B）、第二套母线保护屏（WMH-800A）报母差保护动作，某西 220、某北 220、某 223、Ⅱ某柳 1、Ⅱ某雁 1 断路器第一、二组跳闸灯亮。

（6）根据调度令，将某西 220、某北 220 断路器由热备用转冷备用，某 220kV 西母北段解备作安措，某 223、Ⅱ某柳 1、Ⅱ某雁 1 断路器倒至某 220kV 东母北段运行。

（7）汇报省调、省调监控、地调、生产调度室、站长、分部：已将某西 220、某北 220 断路器由热备用转冷备用，某 220kV 西母北段解备作安措，某 223、Ⅱ某柳 1、Ⅱ某雁 1 断路器倒至某 220kV 东母北段运行。

（8）做好缺陷记录、跳闸记录、值班记录。

题目 5　500kV Ⅰ母 A 相 TV 爆炸短路时如何处理？

（事故现象：警铃响，后台监控机报：500kV Ⅰ母第一套母差 WXH800 报“差动保护动作”、第二套母差 BP2B 报“母差保护动作”5011、5021、5031、5041、5051、5062 断路器 TV 断线，5011、5021、5031、5041、5051、5062 断路器保护第一、二组跳闸出口，5011、5021、5031、5041、5051、5062 断路器绿闪。500kV Ⅰ母电压无指示。）

答：（1）记录时间，象征，清音，清闪，清光字。

（2）汇报网调、省调、省调监控、生产调度室、站长、分部：××：××，500kV Ⅰ母母差差动保护动作，5011、5021、5031、5041、5051、5062 断路器三相跳闸，500kV Ⅰ母电压无指示。

（3）现场检查一次设备，发现 500kV Ⅰ母 A 相 TV 爆炸，造成短路；5011、5021、5031、5041、5051、5062 断路器三相都在断开位置，检查站内其他设备未见异常。现场检查二次设备，500kV Ⅰ母第一套母差 WXH800 报“差动保护动作”、第二套母差 BP2B 报“母差保护动作”5011、5021、5031、5041、5051、5062 断路器 TV 断线，5011、5021、5031、5041、5051、5062 断路器保护第一、二组跳闸出口。

（4）汇报网调、省调、省调监控、地调、生产调度室、站长、分部：500kV Ⅰ母 A 相 TV 爆炸，造成短路；5011、5021、5031、5041、5051、5062 断路器三相都在断开位置，检查站内其他设备未见异常。现场检查二次设备，500kV Ⅰ母第一套母差 WXH800 报“差动保护动作”、第二套母差 BP2B 报“母差保护动作”5011、5021、5031、5041、5051、5062 断路器 TV 断线，5011、5021、5031、5041、5051、5062 断路器保护第一、二组跳闸出口。

（5）根据调度令，将 5011、5021、5031、5041、5051、5062 断路器解除备用，500kV Ⅰ母由热备用转检修。

（6）汇报网调、省调、省调监控、地调、生产调度室、站长、分部：已将 5011、5021、5031、5041、5051、5062 断路器解除备用，500kV Ⅰ母由热备用转检修。

（7）做好缺陷记录、跳闸记录、值班记录。

题目 6　500kV 某菊线 A 相永久性接地，保护正确动作，重合闸动作不成功时如何处理？

（事故现象：警铃响，后台监控机报：500kV 某菊线第一套保护 WXH-803 距离Ⅰ段动作、500kV 某菊线第二套保护 PCS-931 距离Ⅰ段动作、500kV 某菊线第一套保护 WXH-803 零序保护动作、500kV 某菊线第二套保护 PCS-931 零序保护动作、5052、5053 断路器第一、二组跳闸出口、5053 断路器重合闸动作出口、5053 断路器重合闸后加速动作、5053 断路器永跳动作出口、5052 断路器重合闸动作出口、5052 断路器重合闸后加速动作、5052 断路器永跳动作出口，5053、5052 断路器绿闪。）

答：（1）记录时间，象征，清音，清闪，清光字。

（2）汇报网调、省调、省调监控、生产调度室、站长、分部：××：××，500kV 某菊线保护距离Ⅰ段动作、零序保护动作、5052、5053 断路器重合闸动作出口，5052、5053 断路器重合闸后加速动作，5053、5052 断路器三相跳闸。

（3）现场检查一次设备，5052、5053 断路器三相在分闸位置，其他一次设备正常。现场检查二次设备，500kV 某菊线第一套保护 WXH-803 距离Ⅰ段动作、故障测距××km、500kV 某菊线第二套保护 PCS-931 距离Ⅰ段动作故障测距××km、500kV 某菊线第一套保护 WXH-803 零序保护动作、500kV 某菊线第二套保护 PCS-931 零序保护动作，5052、5053 断路器第一、二组跳闸灯亮。

（4）汇报网调、省调、省调监控、地调、生产调度室、站长、分部：5052、5053 断路器三相在分闸位置，其他一次设备正常。现场检查二次设备，500kV 某菊线第一套保护

WXH-803 距离Ⅰ段动作、故障测距××km、500kV 某菊线第二套保护 PCS-931 距离Ⅰ段动作故障测距××km、500kV 某菊线第一套保护 WXH-803 零序保护动作、500kV 某菊线第二套保护 PCS-931 零序保护动作，5052、5053 断路器第一、二组跳闸灯亮。

（5）根据调度令，将 5052、5053 断路器解备、某菊线由热备用转检修。

（6）汇报网调、省调、省调监控、地调、生产调度室、站长、分部：已将 5052、5053 断路器解备、某菊线由热备用转检修。

（7）做好缺陷记录、跳闸记录、值班记录。

题目 7　220kV 某呈线 C 相永久性接地、某呈 1 保护拒动时如何处理？

（事故现象：警铃响，后台监控机报：220kV 北区第一套母差保护动作、220kV 北区第二套母差保护动作、某海 1、Ⅱ某滨 1、某东 220、某北 220 断路器 PT 断线、某海 1、Ⅱ某滨 1、某东 220、某北 220 断路器第一、二组跳闸出口，某海 1、Ⅱ某滨 1、某东 220、某北 220 断路器绿闪，220kV 东母北段电压无指示。）

答：（1）记录时间，象征，清音，清闪，清光字。

（2）汇报省调、省调监控、生产调度室、站长、分部：××：××，220kV 北区母差保护动作，某海 1、Ⅱ某滨 1、某东 220、某北 220 断路器 TV 断线，某海 1、Ⅱ某滨 1、某东 220、某北 220 断路器三相跳闸，220kV 东母北段电压无指示。

（3）现场检查一次设备，某呈 1 断路器三相在合闸位置，其他一次设备正常。现场检查二次设备，220kV 北区第一套母差保护动作、220kV 北区第二套母差保护动作，某海 1、Ⅱ某滨 1、某东 220、某北 220 断路器第一、二组跳闸出口，某呈线保护未动作，220kV 小室故障录波器：启动灯亮，录波信息显示：某呈线 C 相故障，故障测距××km 。

（4）汇报省调、省调监控、地调、生产调度室、站长、分部：某呈 1 断路器三相在合闸位置，其他一次设备正常。现场检查二次设备，220kV 北区第一套母差保护动作、220kV 北区第二套母差保护动作，某海 1、Ⅱ某滨 1、某东 220、某北 220 断路器第一、二组跳闸出口，某呈线保护未动作，220kV 小室故障录波器：启动灯亮，录波信息显示：某呈线 C 相故障，故障测距××km 。

（5）根据调度令，某呈线对侧零序保护动作、距离保护动作、故障测距××km，确定为某呈线永久性接地故障，现将某呈线解备作安措，退出某呈线线路保护。用Ⅱ某滨 1 断路器对 220kV 东母北段充电，充电正常后，将某海 1、某东 220、某北 220 恢复运行。

（6）汇报省调、省调监控、地调、生产调度室、站长、分部：已将某呈线解备作安措，退出某呈线线路保护。并用Ⅱ某滨 1 断路器对 220kV 东母北段充电，充电正常后，将某海 1、某东 220、某北 220 恢复运行。

（7）做好缺陷记录、跳闸记录、值班记录。

题目 8　220kV 某呈线 A 相瞬时性接地故障，保护正确动作，重合成功时如何处理？

（事故现象：警铃响，后台监控机报：220kV 某呈线第一套保护 WXH-803A 零序保护动作、220kV 某呈线第二套保护 RCS-902 零序保护动作、220kV 某呈线第一套保护 WXH-803A 重合闸动作出口、220kV 某呈线第二套保护 RCS-902 重合闸动作出口，220kV 某呈线第一套保护 WXH-803A 距离Ⅰ段动作 故障测距××km，500kV 某呈线第二套保护 RCS-902 距离Ⅰ段动作 故障测距××km，某呈 1 断路器红闪，某呈线电流、电压、功率指示正常。）

答：（1）记录时间，象征，清音，清闪，清光字。

（2）汇报省调、省调监控、生产调度室、站长、分部：××：××，220kV 某呈线零序保护动作、220kV 某呈线重合闸动作出口，某呈 1 断路器在合闸位置，某呈线电流、电压、功率指示正常。

（3）现场检查一次设备，某呈 1 断路器三相在合闸位置，其他一次设备正常。现场检查二次设备，220kV 某呈线第一套保护 WXH-803A 零序保护动作、220kV 某呈线第二套保护 RCS-902 零序保护动作、220kV 某呈线第一套保护 WXH-803A 重合闸动作出口、220kV 某呈线第二套保护 RCS-902 重合闸动作出口，220kV 某呈线第一套保护 WXH-803A 距离Ⅰ段动作故障测距××km，500kV 某呈线第二套保护 RCS-902 距离Ⅰ段动作故障测距××km。

（4）汇报省调、省调监控、地调、生产调度室、站长、分部：某呈 1 断路器三相在合闸位置，其他一次设备正常。现场检查二次设备，220kV 某呈线第一套保护 WXH-803A 零序保护动作、220kV 某呈线第二套保护 RCS-902 零序保护动作、220kV 某呈线第一套保护 WXH-803A 重合闸动作出口、220kV 某呈线第二套保护 RCS-902 重合闸动作出口，220kV 某呈线第一套保护 WXH-803A 距离Ⅰ段动作 故障测距××km，500kV 某呈线第二套保护 RCS-902 距离Ⅰ段动作 故障测距××km。

（5）做好跳闸记录、值班记录。

题目 9　35kV 某 1#电抗器故障，某抗 1 拒动时如何处理？

此题目为特殊运行方式：35kV：某 351、某站 1、某抗 1 在某 35kVⅠ母运行，某 352 在某 35kVⅡ母运行，某 353、某站 2 在某 35kVⅢ母运行，某抗 2、某容 1、某容 2 在某 35kVⅠ母备用，某抗 3、某抗 4、某容 3、某容 4 在某 35kVⅡ母备用，某抗 5 、某抗 6、某容 5、某容 6、在某 35kVⅢ母备用。

（事故现象：警铃响，后台监控机报：某 1#电抗器过流Ⅰ段动作、某 1#电抗器过流Ⅱ段动作，某 1#主变压器低压侧过流保护动作，某 351 断路器绿闪，某 35kV Ⅰ母电压指示为零，某 380V Ⅰ母电压指示为零。）

答：（1）记录时间，象征，清音，清闪，清光字。

（2）汇报地调、省调监控、生产调度室、站长、分部：××：××，某 1#电抗器过流Ⅰ段动作、某 1#电抗器过流Ⅱ段动作，某 1#主变压器低压侧过流保护动作，某 351 断路器绿闪，某 35kV Ⅰ母电压指示为零，某 380V Ⅰ母电压指示为零。

（3）恢复 380VⅠ段母线供电。断开 3814 断路器，合上王某 2 断路器，合上 3801 断路器，断开某站 1 断路器。检查王某 2 断路器、某 0#站用变压器带 380VⅠ段负荷运行正常。

（4）现场检查35kV设备，发现某1#电抗器本体有放电痕迹，某351断路器在断开位置。220现场检查二次设备，发现某1#电抗器过流Ⅰ段动作、某1#电抗器过流Ⅱ段动作，某1#主变低压侧过流保护动作。

（5）汇报地调、省调监控、地调、生产调度室、站长、分部：某1#电抗器本体有放电痕迹，某351断路器在断开位置。220现场检查二次设备，发现某1#电抗器过流Ⅰ段动作、某1#电抗器过流Ⅱ段动作，某1#主变低压侧过流保护动作。

（6）向省调监控申请退出35kVⅠ母上某抗1、某抗2、某容1、某容2间隔AVC电压自动控制系统。

（7）根据调度命令：断开35kVⅠ母上所有失压断路器，拉开某抗1内刀闸，合上某351断路器，对某35kVⅠ母充电。

（8）汇报地调、省调监控、地调、生产调度室、站长、分部：已拉开某抗1内刀闸，合上某351断路器，对某35kVⅠ母充电正常。

（9）做好缺陷记录、跳闸记录、值班记录。

题目10　某2#站用变压器故障时如何处理？

（事故现象：警铃响，后台监控机报：某2#站用变压器重瓦斯动作、某380VⅡ段母线电压越下限，某站2断路器绿闪。整流器2段交流电源故障、交流电压异常，某380V Ⅰ母电压指示为零。）

答：（1）记录时间，象征，清音，清闪，清光字。

（2）汇报生产调度室、站长、分部：××：××，某2#站用变压器重瓦斯动作、某380VⅡ段母线电压越下限，某站2断路器绿闪。整流器2段交流电源故障、交流电压异常，某380V Ⅰ母电压指示为零。

（3）现场检查发现某2#站用变压器瓦斯继电器内油发黑，2#站用变压器重瓦斯保护正确动作跳开某站2断路器。

（4）汇报地调、生产调度室、站长、分部：某2#站用变压器瓦斯继电器内油发黑，2#站用变压器重瓦斯保护正确动作跳开某站2断路器。

（5）根据班长令：断开3824断路器，拉出3824抽屉开关，分开某站2内刀闸。合上王渡2断路器，推入3802抽屉开关，合上3802断路器；将某2#站用变压器作安措。

（6）做好缺陷记录、跳闸记录、值班记录。

题目11　某1#蓄电池组总保险熔断（不考虑对其他设备影响）时如何处理？

（事故现象：警铃响，后台监控机报：某1#蓄电池组报警，检查1#蓄电池电流显示均为零，用万用表测蓄电池总保险1FU1电阻为无穷大。）

答：（1）记录时间，象征，清音，清闪，清光字。

（2）汇报省调、省调监控、生产调度室、分部、站长：某1#蓄电池组报警。

（3）现场检查某1#蓄电池电流显示均为零，用万用表测蓄电池总保险1FU1电阻为无穷大。

(4) 汇报省调、省调监控、生产调度室、分部、站长：1#蓄电池电流显示均为零，用万用表测蓄电池总保险 1FU1 电阻为无穷大。

(5) 根据班长令，合上 QS 两段直流母线联络开关，断开 1QS1 1 号整流器输出至 1 段母线开关，1QS3 1 号电池组输出开关，更换 1FU1 保险，合上 1QS3 1 号电池组输出开关 1QS1 1 号整流器输出至 1 段母线开关，断开 QS 两段直流母线联络开关。

(6) 汇报省调、省调监控、生产调度室、分部、站长：已合上 QS 两段直流母线联络开关，断开 1QS1 1 号整流器输出至 1 段母线开关，1QS3 1 号电池组输出开关，更换 1FU1 保险，合上 1QS3 1 号电池组输出开关 1QS1 1 号整流器输出至 1 段母线开关，断开 QS 两段直流母线联络开关。

(7) 做好缺陷记录、值班记录。

题目 12　220kV 某呈线断路器气室 SF_6 气体泄漏时如何处理?

(事故现象：警铃响，后台监控机报：某呈线断路器气室 SF_6 压力低告警。)

答：(1) 记录时间，象征，清音，清闪，清光字。

(2) 汇报省调、省调监控、生产调度室、站长、分部：××：××，某呈线断路器气室 SF_6 压力低告警。

(3) 现场检查某呈线断路器 SF_6 压力为 0.54MPa，且存在继续下降的趋势，现场作业人员应立即撤离现场，并查看所有人员是否吸入 SF_6 气体，如果吸入，应立即送往医院或打“120”急救电话求助。

(4) 值班人员立即断开操作电源，锁定操动机构，并将情况汇报调度控制中心，将 SF_6 泄漏设备隔离，同时启动应急预案，设立危险警戒区域，严禁无关人员进入，待检修人员进一步处理。运维班班长立即组织应急人员和车辆赶赴现场。

(5) 汇报省调、省调监控、生产调度室、站长、分部：事件发生的时间、地点、初步判断原因、泄漏程度、人员伤亡等情况。

(6) 处理时，应经过充分的排风等措施，并用 SF_6 气体检测仪检测合格后方可进行处理，以防人员吸入，保证作业人员安全。

(7) 做好缺陷记录、值班记录。

3. 500kV 变电站 (智能变电站)

运行方式：500kV：5012 断路器、5013 断路器带某祥Ⅰ线运行，5021 断路器、5022 断路器带某祥Ⅱ线运行，5031 断路器、5032 断路器、5033 断路器带 2#主变压器、某庄线运行，5041 断路器、5042 断路器、5043 断路器带中某Ⅱ线、官某线运行，5051 断路器、5052 断路器、5053 断路器带 3#主变压器、中某Ⅲ线运行，5062 断路器、5063 断路器带中某Ⅰ线运行，500kVⅠ母、Ⅱ母联络运行。

220kV：Ⅰ某宋1断路器、Ⅰ某州1断路器在某220kV南母东段运行，Ⅱ某宋1断路器、Ⅱ某州1断路器在某220kV北母东段运行，某明1断路器在某220kV南母西段运行，某东220断路器、某西220断路器、某北220断路器、某南220断路器运行，某220kV南母西段、北母西段联络运行，某220kV南母东段、北母东段联络运行，某222断路器在某220kV南母东段运行、某223断路器在某220kV北母西段运行。

66kV：某662断路器、某66站用1断路器、某#1站用变压器在某66kV中母东段运行，某抗7断路器、某容8断路器、某容9断路器、某容10断路器在某66kV中母东段备用；某663断路器、某66站用2断路器、某2#站用变压器在某66kV中母西段运行，某容11断路器、某容12断路器某66kV中母西段备用；某10站用0断路器、某0#站用变压器备用。

站用变：某66站用1断路器、某1#站用变压器、381断路器带380VⅠ段母线运行；某66所用2断路器、某2#某用变压器、382断路器带380V Ⅱ段母线运行；某10站用0断路器0#站用变压器备用；3800断路器、3801断路器、3802断路器备用。

题目1　某220kV南母东段TV A相接地短路时如何处理？

（事故现象：警铃响，综自系统报：某220kV南母东段计量电压消失，某222、Ⅰ某州1、Ⅰ某宋1、某南220、某东220断路器绿闪，某220kV南母东段电压指示为零。某220kV东区第一套母线保护母差动作、某220kV东区第二套母线保护母差动作、某222断路器第一、二组跳闸出口、Ⅰ某州1断路器第一、二组跳闸出口、Ⅰ某宋1断路器第一、二组跳闸出口、某南220断路器第一、二组跳闸出口、某东220断路器第一、二组跳闸出口、某220kV南母东段电压越下限，某南220、某东220、某222、Ⅰ某州1、Ⅰ某宋1断路器电流、电压、功率无指示。）

答：（1）记录时间，象征，清音，清闪，清光字。

（2）汇报省调、省调监控、生产调度室、站长、分部：××：××，某220kV东区母线保护母差动作、某220kV南母东段电压越下限，某222、Ⅰ某州1、Ⅰ某宋1、某南220、某东220断路器绿闪，某220kV南母东段电压指示为零。

（3）现场检查一次设备，发现某220kV南母东段TV A相罐体发黑变形，某222、Ⅰ某州1、Ⅰ某宋1、某南220、某东220断路器三相均在分闸位置，某222、Ⅰ某州1、Ⅰ某宋1、某南220、某东220断路器智能终端“保护跳闸”灯亮，某222、Ⅰ某州1、Ⅰ某宋1、某南220、某东220断路器、220kV南母东段合并单元“异常”灯亮，检查站内其他设备未见异常，初步判断某220kV南母东段TV A相故障，造成某220kV东区第一、二套母差保护动作，现场检查二次设备，发现某220kV东区第一、二套母线保护屏“差动动作”灯亮，某南220、某东220断路器保护屏“跳闸”灯亮，Ⅰ某州线线路保护屏、Ⅰ某宋线线路保护屏“跳闸”灯亮。

（4）汇报省调、省调监控、生产调度室、站长、分部：某220kV南母东段TV A相罐体发黑变形，某222、Ⅰ某州1、Ⅰ某宋1、某南220、某东220断路器三相均在分闸位置，某

222、Ⅰ某州1、Ⅰ某宋1、某南220、某东220断路器智能终端“保护跳闸”灯亮，某222、Ⅰ某州1、Ⅰ某宋1、某南220、某东220断路器、220kV南母东段合并单元“异常”灯亮，检查站内其他设备未见异常，初步判断某220kV南母东段TV A相故障，造成某220kV东区第一、二套母差保护动作，现场检查二次设备发现某220kV东区第一、二套母线保护屏“差动动作”灯亮，某南220、某东220断路器保护屏“跳闸”灯亮，Ⅰ某州线线路保护屏、Ⅰ某宋线线路保护屏“跳闸”灯亮。

（5）根据调度令：断开某220kV南母东段TV二次小开关，将某南220、某东220解备，某220kV南母东段解备作安措，退出某2#主变压器跳某东220保护压板及跳某南220保护压板，投入某2#主变压器跳某北220保护压板，将某222、Ⅰ某州1、Ⅰ某宋1断路器恢复运行切倒至某220kV南母西段运行。

（6）汇报省调、省调监控、生产调度室、站长、分部：断开某220kV南母东段TV二次小开关，将某南220、某东220断路器解备，某220kV南母东段解备作安措，退出某2#主变压器跳某东220保护压板及跳某南220保护压板，投入某2#主变压器跳某北220保护压板，将某222、Ⅰ某州1、Ⅰ某宋1断路器切倒至某220kV南母西段运行。

（7）做好缺陷记录、跳闸记录、值班记录。

题目2　某66kV中母东段AB相间短路故障，某662断路器拒动时如何处理？

（事故现象：警铃响，综自系统报：某2#主变压器双套保护后备保护动作某2#主变压器低压侧过流保护动作、5031断路器第一、二组跳闸出口、5032断路器第一、二组跳闸出口、某222断路器第一、二组跳闸出口，某662断路器控制回路断线、SF_6压力低闭锁，某2#主变压器三侧断路器电流、电压、功率无指示，5031、5032、某222断路器绿闪。）

答：（1）记录时间，象征，清音，清闪，清光字。

（2）汇报省调、省调监控、生产调度室、站长、分部：××：××，某2#主变压器双套保护后备保护动作，某2#主变压器低压侧过流保护动作，某662断路器控制回路断线、SF_6压力低闭锁，某2#主变压器三侧断路器电流、电压、功率无指示，5031、5032、某222断路器绿闪。

（3）现场检查一次设备，发现某66kV中母东段AB相间挂有异物，某662断路器机构SF_6压力降至0.31MPa，某662断路器在合位，5031、5032、某222断路器在分位，5031、5032、某222断路器智能终端“保护跳闸”灯、“运行异常”灯亮，5031、5032、某222断路器、某2#主变压器本体、某2#主变压器高压侧、中压侧合并单元“异常”灯亮，其他设备未见异常。现场检查二次设备，2#主变压器双套保护“保护动作”灯亮、“跳闸”灯亮，5031、5032断路器保护“跳闸”灯亮。

（4）汇报省调、省调监控、生产调度室、站长、分部：发现某66kV中母东段AB相间挂有异物，某662断路器机构SF_6压力降至0.31MPa，某662断路器在合位，5031、5032、某222断路器在分位，5031、5032、某222断路器智能终端“保护跳闸”灯、“运行异常”

灯亮，5031、5032、某222断路器、某2#主变压器本体、某2#主变压器高压侧、中压侧合并单元“异常”灯亮，其他设备未见异常。2#主变压器双套保护“保护动作”灯亮、“跳闸”灯亮，5031、5032断路器保护“跳闸”灯亮。

（5）根据调度令：根据调度令，按照规定履行解锁手续后，将某662断路器现场解锁，然后将某662断路器解备作安措，用5031断路器对某2#主变压器充电，充电正常后，将5032、某222断路器加入运行。

（6）汇报省调、省调监控、生产调度室、站长、分部：用5031断路器对某2#主变压器充电，充电正常后，将5032、某222加入运行。

（7）做好缺陷记录、跳闸记录、值班记录。

题目3　某2#主变压器冷却回路故障时如何处理？

（事故现象：警铃响，综自系统报：某2#主变压器A相风机故障，冷控器失电延时跳闸，信号瞬时复归。）

答：（1）记录时间，象征，清音，清闪，清光字。

（2）汇报省调、省调监控、生产调度室、站长、分部：××：××，某2#主变压器A相风机故障，某2#主变压器A相冷控器失电延时跳闸，信号瞬时复归。

（3）现场检查某2#主变压器A相总控制柜电源Ⅰ故障灯亮，电源Ⅰ指示灯灭，电源Ⅱ指示灯亮，某2#主变压器A相控制柜内电源引入线夹松动短路，低压室电源Ⅰ抽屉断路器跳闸，电源Ⅱ抽屉断路器运行正常。

（4）汇报省调、省调监控、生产调度室、站长、分部：某2#主变压器A相总控制柜电源Ⅰ故障灯亮，电源Ⅰ指示灯灭，电源Ⅱ指示灯亮，某2#主变压器A相控制柜内电源引入线夹松动短路，低压室电源Ⅰ抽屉断路器跳闸，电源Ⅱ抽屉断路器运行正常。

（5）加强对某2#主变压器冷却系统监视。

（6）做好值班记录。

题目4　500kV官某线线路保护装置TV二次开关跳闸时如何处理？

[事故现象：警铃响，综自系统报：500kV官某线第二套光差保护告警（PCS931）、500kV官某线第二套光差保护TV断线。]

答：（1）记录时间，象征，清音，清闪，清光字。

（2）汇报网调、省调、省调监控、生产调度室、站长、分部：××：××，500kV官某线第二套光差保护告警（PCS931）、500kV官某线第二套光差保护TV断线。

（3）现场检查二次设备，发现500kV官某线第二套光差保护（PCS931）保护屏显示：“保护告警”“保护TV断线”，保护装置“故障”灯和“TV断线”指示灯亮；500kV官某线第二套线路保护用TV二次空开跳闸，第二套线路保护屏“TV断线”灯亮，现场检查TV二次线接头有烧痕，其他无异常。

（4）汇报网调、省调、省调监控、生产调度室、站长、分部：500kV官某线第二套光差保护（PCS931）保护屏显示："保护告警""保护 TV 断线"，保护装置"故障"灯和"TV 断线"指示灯亮；500kV 官某线第二套线路保护用 TV 二次空开跳闸，第二套线路保护屏"TV 断线"灯亮，现场检查 TV 二次线接头有烧痕，其他无异常。

（5）根据调度令：退出 500kV 官某线第二套线路保护全套保护。

（6）汇报网调、省调、省调监控、生产调度室、站长、分部：已退出 500kV 官某线第二套线路保护全套保护。

（7）做好缺陷记录、值班记录。

题目 5　500kV 中某Ⅰ线线路故障，A 相跳闸单相重合不成功时如何处理？

（事故现象：警铃响，综自系统报：中某Ⅰ线第一套保护 PRS-753A 分相差动动作跳 A 相、中某Ⅰ线第一套保护 PRS-753A 远跳经判据动作、中某Ⅰ线第二套保护 PSL-603U 分相差动动作跳 A 相、中某Ⅰ线第二套保护 PSL-603U 远跳经判据动作、5063 断路器第一套保护 PRS-721D 重合闸动作合 A 相、5063 断路器第一套保护 PRS-721D 三相跟跳动作、5063 断路器第二套保护 PRS-721D 重合闸动作合 A 相、5063 断路器第二套保护 PRS-721D 三相跟跳动作，5062 断路器三相跳闸，5063 断路器三相跳闸。）

答：（1）记录时间，象征，清音，清闪，清光字。

（2）汇报网调、省调、省调监控、生产调度室、站长、分部：××：××，500kV 中某Ⅰ线差动保护动作，A 相重合闸动作，5062、5063 断路器保护三相跟跳动作，5062、5063 断路器绿闪。

（3）现场检查一次设备：发现 5062、5063 断路器三相在分位，5062、5063 断路器智能终端"保护跳闸"灯、"运行异常"灯亮，5062、5063 断路器、中某Ⅰ线合并单元"异常"灯亮，其他设备正常；现场检查二次设备，发现 500kV 中某Ⅰ线双套线路保护"差动动作"灯亮，"远跳动作"灯亮，其他无异常。

（4）汇报网调、省调、省调监控、生产调度室、站长、分部：5062、5063 断路器三相在分位，5062、5063 断路器智能终端"保护跳闸"灯、"运行异常"灯亮，5062、5063 断路器、中某Ⅰ线合并单元"异常"灯亮，其他设备正常；500kV 中某Ⅰ线双套线路保护"差动动作"灯亮，"远跳动作"灯亮，其他无异常。

（5）根据调度令：将 5062、5063 断路器、中某Ⅰ线由热备用转检修。

（6）汇报网调、省调、省调监控、生产调度室、站长、分部：已将 5062、5063 断路器、中某Ⅰ线由热备用转检修。

（7）做好缺陷记录、跳闸记录、值班记录。

题目 6　某东 220TA 断路器气室 SF_6 泄压导致某东 220TA 对罐体放电时如何处理？

（事故现象：警铃响，综自系统报：220kV 东段母线双套保护差动保护启动、北母东段差动动作、南母东段差动动作、失灵保护启动、北母东段失灵保护动作、南母东段失灵保护动作、某东 220 断路器保护动作、某北 220 断路器保护动作、Ⅰ某宋线线路保护动作、Ⅰ某州线线路保护动作、Ⅱ某宋线线路保护动作、Ⅱ某州线线路保护动作、Ⅱ某州线线路保护动作、某2#主变压器保护中压侧后备保护动作；Ⅰ某宋1、Ⅰ某州1、Ⅱ某宋1、Ⅱ某州1、某222、某东220、某北220断路器绿闪，电流为零，北母东段、南母东段电压为零。)

答：(1) 记录时间，象征，清音，清闪，清光字。

(2) 汇报省调、省调监控、生产调度室、站长、分部：××：××，220kVⅠ某宋1、Ⅰ某州1、Ⅱ某宋1、Ⅱ某州1、某222、某东220、某北220断路器绿闪，电流为零，北母东段、南母东段电压为零，220kV东段母线双套保护差动保护启动、北母东段差动动作、南母东段差动动作、失灵保护启动、北母东段失灵保护动作、南母东段失灵保护动作、某东220断路器保护动作、某北220断路器保护动作、Ⅰ某宋线线路保护动作、Ⅰ某州线线路保护动作、Ⅱ某宋线线路保护动作、Ⅱ某州线线路保护动作、Ⅱ某州线线路保护动作。

(3) 现场检查一次设备，发现220kVⅠ某宋1、Ⅰ某州1、Ⅱ某宋1、Ⅱ某州1、某222、某东220、某北220断路器在分位，某东220TA罐体有放电痕迹，Ⅰ某宋1、Ⅰ某州1、Ⅱ某宋1、Ⅱ某州1、某222、某东220、某北220断路器智能终端"保护跳闸"灯、"运行异常"灯亮，某东220、某北220、某222断路器、Ⅰ某宋线、Ⅰ某州线、Ⅱ某宋线、Ⅱ某州线合并单元"异常"灯亮，其他无异常；现场检查二次设备，发现220kV东段母线双套母差保护"差动动作"灯亮、"失灵动作"灯亮、某东220、某北220断路器保护"跳闸"灯亮、某2#主变压器保护"跳闸"灯亮、某明线线路保护"跳闸"灯亮。

(4) 汇报网调、省调、省调监控、生产调度室、站长、分部：220kVⅠ某宋1、Ⅰ某州1、Ⅱ某宋1、Ⅱ某州1、某222、某东220、某北220断路器在分位，某东220TA罐体有放电痕迹，Ⅰ某宋1、Ⅰ某州1、Ⅱ某宋1、Ⅱ某州1、某222、某东220、某北220断路器智能终端"保护跳闸"灯、"运行异常"灯亮，某东220、某北220、某222断路器、Ⅰ某宋线、Ⅰ某州线、Ⅱ某宋线、Ⅱ某州线合并单元"异常"灯亮，其他无异常；现场检查二次设备，220kV东段母线双套母差保护"差动动作"灯亮、"失灵动作"灯亮、某东220、某北220断路器保护"跳闸"灯亮、某2#主变压器保护"跳闸"灯亮、某明线线路保护"跳闸"灯亮。

(5) 根据调度令：遥控拉开某东220南、某东220北隔离开关，观察设备位置可使用望远镜，退出东区母线双套母差保护中对应某东220断路器的GOOSE发送、GOOSE接收、SV接收软压板。

(6) 根据调度命令，确认对侧线路保护改短延时后，退出Ⅱ某宋线单相重合闸，合上Ⅱ某宋1断路器对220kV北母西段充电。

(7) 根据调度命令，确认对侧线路保护改短延时后，退出Ⅰ某宋线单相重合闸，合上Ⅰ某宋1断路器对220kV南母西段充电。

（8）根据调度命令，充电正常后，合上某北220、某222、Ⅰ某州1、Ⅱ某州1断路器；投入Ⅰ某宋线、Ⅱ某宋线单相重合闸。

（9）根据调度命令，某东220断路器作安措，做好人身防护，用遮栏将某东220断路器间隔隔离。

（10）汇报省调、省调监控、生产调度室、站长、分部：已将某北220、某222、Ⅰ某州线、Ⅱ某州线、Ⅰ某宋线、Ⅱ某宋线恢复正常运行方式；某东220断路器解备做安措。

（11）做好缺陷记录、跳闸记录、值班记录。

题目7　Ⅱ段直流系统接地（66kVⅣ母电压互感器智能汇控柜直流防雷插件击穿）时如何处理?

（事故现象：警铃响，综自系统报：Ⅱ段直流母线绝缘下降，#2直流进线屏总告警；光字“Ⅱ段直流母线绝缘下降”“Ⅱ段直流母线电压不平衡”亮；一体化电源绝缘监测仪发现2KQ38馈线正对地电阻降至×× kΩ。）

答：（1）记录时间，象征，清音，清闪，清光字。

（2）汇报省调、省调监控、生产调度室、站长、分部：××：××，Ⅱ段直流母线绝缘下降，#2直流进线屏总告警。

（3）现场检查，发现2号充电机屏装置“告警”灯亮，一体化液晶屏显示：“2#直流母线电压不平衡”“2#直流母线绝缘下降”“2#直流馈线2KQ38绝缘下降”，发现2KQ38馈线正对地电阻降至×× kΩ；现场检查发现66kVⅣ母电压互感器智能汇控柜直流防雷插件击穿。

（4）汇报省调、省调监控、生产调度室、站长、分部：经现场检查发现66kVⅣ母电压互感器智能汇控柜直流防雷插件击穿，通知检修人员尽快处理。

（5）加强对站内直流系统监视，防止直流出现另一点接地。

（6）做好缺陷记录、值班记录。

题目8　66kV某11#电容器着火时如何处理?

（事故现象：警铃响，综自系统报：某11#电容器过流保护动作，某容11断路器跳闸。）

答：（1）值班人员带对讲机到设备区检查（人员进入火灾现场要戴好安全帽，穿上绝缘靴，与设备保持足够的安全距离，如听到设备有爆炸声，应远离设备）；并迅速向运维负责人汇报。

（2）运维负责人收到值班人员汇报后，立刻向省调监控申请退出某容11间隔AVC电压自动控制系统，向网调、省调监控、生产调度、班长、分部汇报设备故障和断路器跳闸情况。必要时拨打119报警电话。

（3）运维负责人向网调申请将某容11断路器、某11#电容器解备作安措。

（4）运维负责人在第一时间组织值班人员现场救火行动，对某容11#电容器进行初步灭火。运维班班长接到汇报后立即组织应急人员和车辆携带救火设施赶赴起火变电站。

（5）应急人员到达后，在班长的指挥下，协同值班人员共同进行灭火（扑救时，扑救人员应根据火情，佩戴防毒面具或正压式呼吸器，防止中毒或窒息。火势无法控制时，值班人员组织人员撤至安全区域，防止爆炸伤人）。

（6）如火情较大，待消防人员到站后，站内人员配合消防人员对设备进行灭火。

题目 9　220kV 某明线 C 相永久性接地、某明线线路保护拒动时如何处理？

（事故现象：警铃响，综自系统报：220kV 西区母线双套母差保护动作，某西 220、某南 220 断路器第一、二组跳闸出口，某西 220、某南 220 断路器绿闪，220kV 南母西段电压无指示。）

答：（1）记录时间，象征，清音，清闪，清光字。

（2）汇报省调监控、生产调度室、站长、分部：××：××，220kV 西区母线双套母差保护动作，某西 220、某南 220 断路器绿闪，220kV 南母西段电压无指示。

（3）现场检查一次设备，发现某明 1 断路器三相在合位，某西 220、某南 220 断路器三相在分位，某西 220、某南 220 断路器智能终端“保护跳闸”灯亮、“运行异常”灯亮，某西 220、某南 220 断路器、某明线合并单元“异常”灯亮，其他设备正常。现场检查二次设备，发现 220kV 西区母线双套母差保护“差动动作”灯亮，某西 220、某南 220 断路器保护“跳闸”灯亮，某明线双套线路保护“运行”灯灭，220kV 故障录波器：启动灯亮，录波信息显示：某明线 C 相故障，故障测距×× km。

（4）汇报省调监控、生产调度室、站长、分部：某明 1 断路器三相在合位，某西 220、某南 220 断路器三相在分位，某西 220、某南 220 断路器智能终端“保护跳闸”灯亮、“运行异常”灯亮，某西 220、某南 220 断路器、某明线合并单元“异常”灯亮，其他设备正常。现场检查二次设备，发现 220kV 西区母线双套母差保护“差动动作”灯亮，某西 220、某南 220 断路器保护“跳闸”灯亮，某明线双套线路保护“运行”灯灭，220kV 故障录波器：启动灯亮，录波信息显示：某明线 C 相故障，故障测距×× km。

（5）根据调度令，将某明线解备作安措，退出某明线线路保护。用某西 220 对南母西段充电，充电前投入充电保护，充电正常后，退出某西 220 充电保护，将某南 220 加入运行。

（6）汇报省调监控、生产调度室、站长、分部：已将某明线解备作安措，退出某明线线路保护。用某西 220 对南母西段充电，充电前投入充电保护，充电正常后，退出某西 220 充电保护，将某南 220 加入运行。

（7）做好缺陷记录、跳闸记录、值班记录。

题目 10　66kV 某 7#电抗器故障、某抗 7 断路器拒动时如何处理？

（事故现象：警铃响，综自系统报：某 7#电抗器过流Ⅰ段动作、某 7#电抗器过流Ⅱ段动作，某 2#主变压器低压侧过流保护动作，某 662 断路器绿闪，某 66kV 中母东段电压指示为零，某 1#站用变压器电压指示为零，备自投动作，某 3801 断路器合位，某 0 号站用变压器加入运行，380V Ⅰ段母线电压指示正常）。

答：（1）记录时间，象征，清音，清闪，清光字。

（2）汇报省调监控、生产调度室、站长、分部：××：××，某 7#电抗器过流Ⅰ段动作、某 7#电抗器过流Ⅱ段动作，某 2#主变压器低压侧过流保护动作，某 662 断路器绿闪，某 66kV 中母东段电压指示为零，某 1#站用变压器电压指示为零，备自投动作，某 3801 断路器合位，某 0 号站用变压器加入运行，380V Ⅰ段母线电压指示正常。

（3）现场检查一次设备，发现某 7#电抗器本体有放电痕迹，某 662 断路器在分位，某抗 7 断路器在合位，某 7#电抗器一体化保测装置“过流Ⅰ段动作”灯亮、“过流Ⅱ段动作”灯亮，某抗 7 断路器智能终端“保护跳闸”灯亮、某容 8、某容 9、某容 10、某 66 站用 1 断路器、某 66kV 中母东段母线合并单元“异常”灯亮，某 2#主变压器保护“过流保护动作”灯亮，备自投装置“备自投 1 动作”灯亮，某 3801 断路器在合位，某 0 号站用变压器电压指示正常，380V Ⅰ段母线电压指示正常。

（4）汇报省调监控、生产调度室、站长、分部：某 7#电抗器本体有放电痕迹，某 662 断路器在分位，某抗 7 断路器在合位，某 7#电抗器一体化保测装置“过流Ⅰ段动作”灯亮、“过流Ⅱ段动作”灯亮，某抗 7 断路器智能终端“保护跳闸”灯亮、某容 8、某容 9、某容 10、某 66 站用 1 断路器、某 66kV 中母东段母线合并单元“异常”灯亮，某 2#主变压器保护“过流保护动作”灯亮，备自投装置“备自投 1 动作”灯亮，某 3801 断路器在合位，某 0 号站用变压器电压指示正常，380V Ⅰ段母线电压指示正常。

（5）向省调监控申请退出某抗 7、某容 8、某容 9、某容 10 间隔 AVC 电压自动控制系统。断开某容 8、某容 9、某容 10、某 66 所用 1 断路器。

（6）根据调度令，拉开某抗 7 中刀闸，推上某抗 7 中地接地刀闸，合上某 662 断路器，对某 66kV 中母东段母线充电。

（7）汇报省调监控、生产调度室、站长、分部：已拉开某抗 7 中刀闸，推上某抗 7 中地接地刀闸，合上某 662 断路器，对某 66kV 中母东段母线充电。

（8）根据班长令，合上某 66 站用 1 断路器，检查某 1#站用变压器运行正常，断开某 3801 断路器，合上某 381 断路器，检查某 1 号站用变压器带 380V Ⅰ段母线运行正常。

（9）向省调监控申请投入某容 8、某容 9、某容 10 间隔 AVC 电压自动控制系统。

（10）做好缺陷记录、跳闸记录、值班记录。

参 考 文 献

[1] 戴宪滨. 变电站二次回路及其故障处理典型实例 [M]. 北京：中国电力出版社，2013.

[2] 苏玉林. 怎样看电气二次回路 [M]. 北京：中国电力出版社，2005.

[3] 贺家李，李永丽，董新洲. 电力系统继电保护原理 [M]. 北京：中国电力出版社，2010.

[4] 周武仲. 电气二次回路 [M]. 北京：中国电力出版社，2017.

[5] 单文培. 电气设备安装运行与检修 [M]. 北京：中国水利水电出版社，2008.

[6] 陈化钢. 电力设备检修实用技术问答 [M]. 北京：中国水利水电出版社，2002.

[7] 陈家斌. SF_6 断路器实用技术 [M]. 北京：中国水利水电出版社，2014.

[8] 张全元. 变电运行现场技术问答（第三版）[M]. 北京：中国电力出版社，2013.

[9] 国网浙江省电力公司. 智能变电站技术及运行维护 [M]. 北京：中国电力出版社，2016.

[10] 覃剑. 智能变电站技术与实践 [M]. 北京：中国电力出版社，2010.

[11] 刘振亚. 智能电网技术问答 [M]. 北京：中国电力出版社，2010.

[12] 宋庭会. 智能变电站运行与维护 [M]. 北京：中国电力出版社，2013.

[13] 何光宇，孙英云. 智能电网基础 [M]. 北京：中国电力出版社，2010.

[14] 刘伟. 变电运维一体化现场实用技术要点 [M]. 北京：中国电力出版社，2014.